无线 IP 网络中视频
FGS 编码与传输研究

王 锋 著

湖北省教育厅立项硕士点项目资助
黄冈师范学院重点学科建设项目资助

科学出版社

北 京

内 容 简 介

全书围绕视频 FGS 编码、传输过程中涉及的问题展开研究与讨论，主要内容包括：FGS 和 PFGS 中比特平面编码技术中的残差系数的符号编码、FGS 码流结构和打包方案、传输中的跨层多乘积码方案（MPFEC）、联合信源—信道码率优化配置算法、基本层传输中的差错繁殖、无线 IP 环境下可伸缩性视频传输问题综述等。

图书在版编目（CIP）数据

无线 IP 网络中视频 FGS 编码与传输研究 / 王锋著. —北京：科学出版社，2009

ISBN 978-7-03-023915-0

Ⅰ．无… Ⅱ．王… Ⅲ．①图像编码—研究②自动图像传输—研究 Ⅳ．TN919.81

中国版本图书馆 CIP 数据核字（2009）第 004160 号

责任编辑：王雨舸 / 责任校对：曾　莉
责任印制：彭　超 / 封面设计：苏　波

科学出版社 出版

北京东黄城根北街 16 号
邮政编码：100717
http://www.sciencep.com

武汉科利德印务有限公司印刷

科学出版社发行　各地新华书店经销

＊

2009 年 1 月第 一 版　　开本：A5（890×1240）
2009 年 1 月第一次印刷　　印张：4 7/8
印数：1—2 000　　　　　　字数：156 000

定价：30.00 元
（如有印装质量问题，我社负责调换）

前　　言

随着信息技术的发展和社会的进步，人类对信息的需求越来越多，在移动中获得信息成了人们自然而然的要求。其中以数据和多媒体业务为主，在无线终端上向用户提供多种具有不同服务质量和内容的服务，正是无线通信发展的方向。视频是多媒体数据的重要组成部分，无线视频的编码与传输技术也因此成为当前多媒体通信领域的研究热点。

在当今不同类型的无线网络都趋同于 IP 网络的背景下，现代网络已进入了无线 IP 网络的发展阶段。无线 IP 网络概念的提出，是 IP 网络发展中的一个重要标志，同时也是无线网络发展的一个里程碑。然而，无线 IP 网络的异构性，使得视频通信面临着极大挑战，如何应对这种挑战，以下几个方面的问题需要引起重视：

第一，无线 IP 网络中的有线链路和无线链路带宽容量和带宽变化的不对称性；

第二，视频传输数据差错的多样性和时变特性；

第三，视频数据传输时延和时延抖动的约束性；

第四，服务质量(QoS)保障的复杂性等。

本书以作者读博士期间所在实验室承担的国家 863 重大攻关课题——"数字视音频编码、传输、测试与应用示范系统"和国家自然科学基金重大项目——"未来移动通信系统基础理论与技术研究"为主要背景，对无线 IP 网络中视频的源端编码技术和传输系统进行了较深入的分析与讨论，尝试为以上针对无线 IP 视频传输提出的问题找到合适的解决方案。

本书从系统的角度出发，采用联合信源—信道编码技术进行信源和信道间的优化码率配置，以提高视频传输系统的自适应性。并且，在信源端采用视频精细粒度可伸缩性(FGS)编码方案,以适应网络带宽容量和带宽变化;提出了多乘积码的信道编码方案以对抗无线 IP 网络中的混合差错;采用前向纠错(FEC)来减小时延以满足实时视频应用的要求。

针对源端的 FGS 和 PFGS 编码技术存在编码效率低下的致命弱点,在对其深入研究和分析的基础上,提出了比特平面编码技术中的残差系数符号新的编码方案,一定程度上提高了编码效率;同时,对原码流结构进行了改进,给出了两种分级码流结构:两级和三级码流结构,这种结构提高了码流的容错性,而且,也是 4.2 节中多乘积码中不同打包方案所需要的;还结合信源率失真理论,引入了 FGS 增强层的率失真模型并讨论帧间码率分配算法,为 5.3 节中的联合优化做了铺垫。

针对 4.1.3 小节中改进的码流结构,提出了两种传输打包方案:变长打包和等长打包;针对无线 IP 网络产生的混合传输差错的特点以及实时视频传输的要求,提出了跨层的多乘积码 FEC(MPFEC)方案,即在链路层采用率兼容穿孔卷积码(RCPC)实现包内 FEC,在传输层通过使用系统里德—索罗蒙码(RS)实现包间 FEC;并建立了发送端估计信道传输失真的模型。

基于广义率失真理论,采用联合信源—信道编码技术,结合信源端的FGS 技术和 MPFEC 传输策略,给出了新的 FGS 增强层和信道码率优化配置算法。实验仿真结果证明该算法实际传输效果很好。

考虑了基本层(或单层)视频传输的问题,在基本层由于采用了运动补偿预测编码技术,传输差错的帧间依赖性致使差错繁殖是不可避免的。对在目标码率约束条件下,为了减少计算的复杂性,信道编码性能、差错繁殖的衰减性和率失真函数均进行建模,实验仿真证明这些模型在给定条件下与实际仿真测量结果间吻合很好。特别是,引入了差错繁殖的衰减模型之后,建立了新的率失真模型,使得率失真曲面的生成更加简单。

本书以分层视频编码的增强层和基本层(或单层)作为传输对象,采用联合信源—信道编码技术，提出了一个联合参数优化的实时视频传输系统。并对源端编码技术、信道编码方法和信源—信道联合编码的信源、信道优化码率算法进行了一些研究。研究工作更多的是侧重某几个方面，还不够系统。但在我的博士导师的鼓励与鞭策下，在师兄张珍明博士、同学何业军博士的鼓励下，经过两年多的策划、准备，这本小书得以问世。由于作者水平有限，疏漏之处在所难免，书中存在的错谬之处，真挚欢迎大家批评指正。

目 录

1 绪论

随着信息技术的发展和社会的进步，人类对信息的需求越来越多，在移动中获得信息成了人们自然而然的要求。传统无线通信业务已不能满足人们对信息的需要，人们希望无论何时何地，都能够方便、快捷、灵活地通过声音、图像和数据等多种方式进行通信。以数据和多媒体业务为主，在无线终端上向用户提供多种具有不同服务质量和内容的服务，正是无线通信发展的方向。视频是多媒体数据的重要组成部分，随着无线通信技术的快速发展、移动终端设备计算能力的进一步增强而体积进一步减小，以及Internet中视频应用的极大成功，更多的网络带宽可以利用和数字压缩技术的进步，未来几年，无线视频服务将会有更为广阔的发展前景。无线视频的编码与传输技术也因此成为当前多媒体通信领域的研究热点。

1.1 无线 IP 网络中的视频技术

在当今不同类型的无线网络都趋同于 IP 网络[1,2] 的背景下，现代网络已进入了无线 IP 网络的发展阶段。无线 IP 网络概念的提出，是 IP 网络发展中的一个重要标志，同时也是无线网络发展的一个里程碑。那么，究竟什么是无线 IP 网络呢？蒋明海[3] 认为："无线 IP 网络系统将是一个继承广播电视网络、无线蜂窝网络、无绳网络、无线局域网、短距离应用的蓝牙等系统和固定的有线网络为一体的结构,各种类型的接入网都能无缝地接入基于 IP 的核心网。"因此,研究无线 IP 网络中视频编码和传输就显得更为重要。

由于技术发展的历史原因,当今融入无线 IP 网络的技术却有着完全不同的技术背景。明确当前所面临的技术环境,有利于进行相应的研究。

1.1.1 无线局域网与无线城域网技术

无线局域网,简称 WLAN(Wireless LAN),是利用无线技术实现快速接入以太网的技术。支持无线局域网的网络协议有:IEEE 802.11、IEEE 802.11a、IEEE 802.11b、IEEE 802.11g[4]。其中,IEEE 802.11 是 IEEE 在 1997 年提出的第一个无线局域网标准,IEEE 802.11 无线局域网标准的制定是无线网络技术发展的一个里程碑。IEEE 802.11a 规定的频点为 5 GHz,用正交频分复用技术(OFDM)来调制数据流。OFDM 技术的最大的优势是其无与伦比的多途径回声反射,因此特别适合于室内及移动环境,其传输速度为 1~2 Mbit/s。IEEE 802.11b 工作于2.4 GHz频点,采用补偿码键控 CCK 调制技术。当工作站之间的距离过长或干扰过大,信噪比低于某个门限值时,其传输速率可从 11 Mbit/s 自动降至 5.5 Mbit/s,或者再降至直接序列扩频技术的 2 Mbit/s 及 1 Mbit/s 速率。但是 802.11b 标准的速率上限为 20 Mbit/s,它保持对 802.11 的向后兼容。IEEE 802.11e 及 IEEE 802.11g 是下一代无线 LAN 标准,被称为无线 LAN 标准方式 IEEE 802.11的扩展标准。所谓 IEEE 802.11 的扩展标准,是在现有的 802.11b 及 802.11a 的 MAC 层追加了 QoS 功能及安全功能的标准。

蒋明海[3]在其对无线 IP 网络的定义中并没有提到无线城域网,无

线城域网的推出是为了满足日益增长的 Internet 宽带无线接入
(BWA)的市场需求。虽然多年来 802.11x 技术一直与许多其他专有
技术一起被用于 BWA,并获得很大成功,但是 WLAN 的总体设计及
其提供的特点并不能很好地适用于室外的 BWA 应用。当其用于室外
时,在带宽和用户数方面将受到限制,同时还存在通信距离等其他一些
问题。基于上述情况,IEEE 决定制定一种新的、更复杂的全球标准,
这个标准应能同时解决物理层环境(室外射频传输)和 QoS 两方面的
问题,以满足 BWA 和"最后一英里"接入市场的需要。与为无线局域
网制定 802.11 标准一样,IEEE 为无线城域网推出了 802.16 标准[5]。
但目前所说的 802.16 标准主要包括 802.16a、802.16RevD 和 802.16e
三个标准。802.16a 是为工作在 2~11 GHz 频段的非视距(NLOS)宽
带固定接入系统而设计的,在 2003 年 1 月被 IEEE 批准通过;
802.16RevD 是 802.16a 的增强型,主要目的是支持室内用户驻地设备
(CEP);802.16e 是 IEEE 802.16 a/d 的进一步延伸,其目的是在已有
标准中增加数据移动性。

1.1.2　蓝牙技术

　　"蓝牙"(bluetooth)技术[6]是由爱立信(Ericsson)、诺基亚
(Nokia)、东芝(Toshiba)、国际商用机器公司(IBM)和英特尔(Intel)5
家公司于 1998 年 5 月联合宣布的一种无线通信技术。蓝牙技术是一
种无线数据与语音通信的开放性全球规范,它以低成本的近距离无线
连接为基础,为固定与移动设备通信环境建立一个特别连接的短程无
线电技术。其实质内容是要建立通用的无线电空中接口协议的公开标
准,使通信与计算机网络进一步结合,使不同生产厂家生产的便携式设
备在没有电线或电缆相互连接的情况下,能在近距离范围内实现互联
互通、交互操作的性能。在无线 IP 网的技术中,蓝牙的目标是实现以

移动电话为中心,把个人携带的电子设备连接成个人局域网(PAN)从而实现无线访问 Internet。一个 PAN 最多可由 8 台这样的设备组成,其中一台设备为通信的主叫方,其余为通信的受取方。受取方可同时与其他 PAN 进行通信,从而实现 PAN 间的互联互通。蓝牙技术采用 2.4 GHz ISM(工业、科学和医用)频带,最大传输距离 10 m,可支持多种应用。

1.1.3 第二代到第四代移动通信网络技术

当今第二代移动通信(2G)网的技术是基于电路交换的,并不是基于 IP 的网络[3],到如今,第二代移动通信技术经历了 TDMA、PDC、GSM 到 CDMA 的发展历程。而从 GSM 的时分复用到 CDMA 的码分多址,大大提高了信道带宽。流媒体技术作为多媒体应用的高级形式是基于 IP 技术的,发展至今在互联网上已经得到了广泛的应用,如视频点播、在线影院、远程教育、交互式电视等。这诸多视频增值业务极大地刺激了移动通信网络向 IP 网络结构融合和转变。以流媒体应用为例说明这种技术融合和转变的原因:

首先,在核心网络方面,由于流媒体服务器处于因特网中,流媒体文件是通过 IP 网络进行传输的,所以移动通信网要处理流媒体数据,要求其必须能够与因特网进行通信,并收发和处理 IP 数据。由于 IP 技术的快速发展,IP 技术可能会成为未来网络的主流技术,这将促使现有的有线电视网、电信网、移动通信网等网络都应支持 IP 数据的传输,使多媒体数据在 TCP/IP 的基础上发送,并获得信息的互联互通,所以移动通信网开始了向 IP 网络结构融合和转变。目前在移动通信网中传输 IP 数据已经实现,如在中国移动通信集团已经投入商用的二代半(2.5G)移动通信系统 GPRS(general packet radio service)中,其核心网络层采用 IP 技术,底层可使用多种传输技术,很方便地实现与高速发展的 IP 网无缝连接。

其次,在无线接入网方面,由于移动通信核心网络逐渐向 IP 网络结构融合和转变,要求无线接入网也必须要加以相应的改进以支持 IP 数据的传输。IP 与无线空中接口协议、MPEG、ITU-T G.729A(话音数字编码标准)等标准之间的兼容问题经过若干年的研究已经取得很多成果。IP 数据通过无线接入网传输到移动终端被证明是可以实现的,一个成功的例子就是目前的移动用户通过 GPRS 手机已经可以进行收发 E-mail、浏览网页等这些在互联网上常做的操作。

即将投入使用的第三代无线通信又称 3G,是新一代移动通信系统的通称,主要特征是基于分组的数字通信系统[7-9]。第三代移动通信系统由 GPRS、EDGE(enhanced data rates for GSM)、CDMA 2000 到 W-CDMA 和 TS-CDMA 系统,每一步发展都是对先有系统的改进和提高。3G 系统致力于为用户提供更好的语音、文本和多媒体数据服务。与现有的技术相比较,3G 技术的主要优点是能极大地增加系统容量,提高通信质量和数据传输速率。此外,利用在不同网络间的无缝漫游技术,可将无线通信系统和 Internet 连接起来,从而为移动终端用户提供更多更高级的服务。第三代通信网络的主要目标定位于实时视频、高速多媒体和移动 Internet 访问业务。而利用先进的空中接口技术、核心包分组技术,再加上对频谱的高效利用,是可以实现上述业务的。3G 移动通信系统的重要特征在于具备高速移动数据的传输能力,即能够提供音频、视频、接入互联网络等移动多媒体业务。3G 移动通信系统具有智能化、多媒体化、个性化和人性化的特点,并可提供实时业务(视频电话)、消息类业务(语音 E-MAI)传真、无线 Internet、电子商务、定位等丰富多彩的增值业务。因此,3G 系统除传统电信业务外,还能有效地支持移动多媒体业务。此种多媒体业务在一个呼叫中集合了两种或两种以上的媒体组件,如语音、数据、图像、影像。例如,从中国移动通信推出的"彩信"(多媒体短信 MMS)业务可以看出未来 3G 业务的一些端倪,它将是即将开通的 3G 平台上的主要业务之一,但 3G 的能力远远不止 MMS。

正在研究的第四代移动通信(4G)则是真正使移动系统具有传输 TCP/IP 包的能力,也称为无线 IP 通信系统[10]。它的主要特点是基于 TCP/IP 的核心网,混合 OFDM 和 CDMA 的无线接入方式,分离发射、接受基站,基于无线 AD HOC 的网络结构而非蜂窝结构。4G 主要面向基于 IP 的多媒体数据业务。

1.1.4　无线 IP 网络中的多媒体业务

一般来说多媒体业务分为两大类[11],即互动式业务和分配式业务。

互动式业务可以是会话、信息通信或信息检索。一般来讲,会话业务是实时双向的,不存储和转发,要求较低的端到端时延(小于 100 ms),并且对不同媒体组件之间的同步级别要求较高,可视电话和会议电视是典型的会话业务。信息通信业务则要求有存储和转发功能。信息检索业务可以使用户在一个或多个信息中心中检索信息,但信息中心发送给用户的信息是受用户控制的,接入的每个信息中心可以提供不同的媒体组件,例如高分辨率图像、录音和一般的存档信息等。

分配式业务属于广播业务,可以使用或不使用用户控制功能。

随着我国数据业务和多媒体业务,特别是 Internet 业务的飞速发展,在移动环境中提供 Internet 接入和多媒体业务将成为移动技术的主流。从需求结构来看,未来我国移动用户的需求内容将从窄带业务向宽带业务转移;从分类点播式业务向高速互动业务转移;而用户则从大中城市向中小城镇扩散。到 2005 年末,全国移动电话用户数达 1.6

亿左右,其中数据和多媒体用户数达到 6000 万左右。广大用户也不再满足于单一的语音通信,而无线通信技术的快速发展就提供了这种可能性。GPRS、WAP 技术等方面的发展,提供了网络到终端的全面支持,特别是第三代移动通信系统的发展,更为移动多媒体打开了新空间,移动多媒体业务的开展将更大量地吸引用户。

通过上面的分析,有两个不争的事实已非常清楚:

其一,不同类型的无线网络向 IP 网络融合和转变是不可逆转的事实,无论是无线局域网、城域网还是蓝牙技术,无论 2G、3G 还是 4G,最终基于 IP 的无线网络将是一个以 TCP/IP 为核心的既有有线链路又具有无线链路的异构(heterogeneity)的、混合网络[10],这种异构性称为通信子网的异构性,是由于各通信子网的网络资源(处理能力、带宽、存储和拥塞控制策略)分布不均造成的。

其二,运营商就是通过这种异构的、混合网络向不同用户提供各种移动多媒体业务;不同用户则随时随地来获得所需要的移动多媒体服务。需要说明的是:异构性还体现在接收方,接收方异构性是由于用户设备的不同处理能力以及用户要求的不同服务质量造成的。很显然,目前要在这种异构的、混合网络上提供以视频服务为主的移动多媒体业务,还面临着极大挑战。

1.2 无线 IP 网络中视频编码 和传输面临的挑战

无线 IP 网络是一个具有有线链路和无线链路的、异构的、混合网络,在这种异构网络上进行视频应用,有几个关键的基本问题必须面对:网络吞吐量的变化、网络丢包、信道差错、传输时延以及服务质量(QoS)保障等。

1.2.1 网络带宽容量和带宽变化的不对称性

首先,我们讨论带宽容量(bandwidth capacity)不对称的问题。M Etoh等人[10]认为,在无线网络和有线网络之间存在巨大的网络带宽缺口,这缺口相差一到两个数量级,无线网络带宽相对于有线网络带宽显得严重不足。提高无线网络带宽一方面是对现有技术进行优化改进,从而提高数据传输率。但是,以视频应用为代表的多媒体服务的数据量巨大,因而,带宽容量的不对称性衍生出了另外一个非常重要的问题——视频信号如何更有效地表示,换句话说,如何更有效地对视频数据进行压缩,以提高信源的编码效率以满足无线IP网络中无线网络带宽不足的事实。

其次,有线网络与无线网络带宽变化(bandwidth fluctuate)的不对称性,对视频传输的影响也不可低估。有线链路带宽变化除了受传输介质的影响之外,主要是网络拥塞的影响。传输介质对带宽的影响相对稳定,而基于拥塞控制的码率调度算法也有了很多较成熟的算法,发送方根据反馈信息,有基于探测的方法和基于模型的方法[1,2,12-14]。AIMD(additive increase and multiplicative decrease)和MIMD(multiplicative increase and multiplicative decrease)是典型的基于探测的算法;而"TCP Friendly"码率控制算法则是基于模型的算法。无线链路的带宽则随时间的变化而变化,主要原因是[15]:

(1) 无线信道的多径衰落、码间串扰和噪声干扰会使无线信道的吞吐量减少。

(2) 无线信道容量或许随着基站和移动终端之间的距离而变化。

(3) 移动终端在不同类型网络之间移动(如从无线局域网移动到无线广域网内),可能使可用带宽急剧变化[从兆流量(Mbit/s)到千流量(kBit/s)]。

（4）当移动终端从一个蜂窝切换到另外一个蜂窝时，基站可能没有足够的无线资源满足新链入的终端。

带宽容量和带宽变化的不对称性，使得一个既包含有线链路又有无线链路的端到端的视频传输很难合理利用已有网络资源保障接收端的视频质量。

1.2.2　视频传输数据差错的多样性和时变特性

丢包和误码是无线 IP 网络视频数据传输中难以避免的，而且与单纯的有线网络的丢包或无线信道的误码具有完全不同的特征。由于无线 IP 网络具有有线和无线链路两部分，所以，在无线 IP 网络视频数据传输过程中，丢包和误码或许同时发生[16-19]。当单纯对付丢包或误码的差错控制策略面对这种多样性数据差错时，变得效果很差。

在 IP 无线网络的有线链路部分，由于 Internet 是一个尽力而为（行业内部用语）提供服务（best-effort service）的网络，尽最大能力传输数据，当网络过分繁忙时（网络出现拥塞），网络中的路由器的到达队列被填满，后续到达的数据只能丢弃。视频流传输是有一定的传输丢失率的限制，而在这种尽力而为的传输机制下，传输丢失率限制往往难以得到保证。

与有线链路相比，无线链路部分由于多径衰落（multi-path fades）、阴影（shadowing）还加上噪声干扰，使得视频数据传输的误比特率（BER）非常之高，这严重地影响接收端的视频质量。由于传输的是压缩视频数据，有时一个比特的错误，会使得整个视频序列无法解码。

无论有线的还是无线的链路，丢包和误码行为通常是随机的、随着时间变化的。因此，无线 IP 网络中视频传输数据差错的多样性和时变特性，是视频应用必须要解决的问题。

1.2.3 视频数据传输时延和时延抖动的约束性

传统的数据通信(文件、静态图片)主要关注的是数据的正确率,对于传输的时延没有特别的限制。对于视频而言,数据的到达必须满足严格的时间间隔才能保证数据连续播放,对于滞后于时间间隔的数据,即使数据正确到达,也只能丢弃不用。Internet 传输不提供时延保障,当网络发生拥塞时,数据会经历漫长的排队等待时间,客户端的播放因为等待数据而停止,造成播放质量的严重下降甚至完全不能播放。

时延量的变化即时延抖动无论是实时传输还是流视频传输都有约束性要求。

1.2.4 服务质量(QoS)保障的复杂性

网络的异构性和接收方的异构性,决定了 QoS 的复杂性[15]。QoS 取决于多个方面:涉及应用、终端、网络结构到网络管理、运营模式以及终端用户的服务要求。当移动用户在一个拥有各种不同类型无线接入技术的 IP 网络环境中,要确保 QoS 是非常困难的,也极具挑战性。因为,可用的无线资源(如带宽、移动设备的电池寿命等)不足,并且随着时间变化而变化,如果提供确定的 QoS(deterministic)将很可能导致极端的情况出现:要么出现极端保守的 QoS 保证而浪费网络资源,要么分配的网络资源严重不足而保证不了用户所需求的 QoS。因而 Z Qian和 J Lieberherr 分别提出了统计的 QoS(statistical QoS)概念[1,20]。基于这种思想,支持无线 IP 网络中端到端视频传输的 QoS 有以下问题必须考虑:

1) QoS 支持包含了多方面的技术

诸如视频编码技术、高性能物理层和链路层支持、高效的包传输、拥塞控制、差错控制和功率控制都会对 QoS 产生影响。

2）不同的应用要求不同的 QoS

通常不同应用要求的 QoS 反映在数据传输率、延时约束与抖动以及包丢失率上。例如,实时视频应用对延时和抖动非常敏感,但却能容忍一些视频帧的丢失和传输差错;而非实时视频应用对延时约束相对宽松。

3）不同类型网络 QoS 有不同特点

实际上这也是网络异构性决定的。无线 IP 网络只提供尽力而为的服务,特别是网络环境(带宽、包丢失率、延时和延时抖动)是时变的。无线链路误比特率(BER)也比有线链路高得多,通常链路层的差错控制方案如自动重传请求(ARQ)广泛用来征服无线信道的误码,这又进一步导致无线网络带宽和延时的动态变化。

4）不同用户要求 QoS 不同

不同用户对视频服务的反应时间、视频质量、处理能力、功率和带宽要求不一样。设计一个视频传输机制时不仅要考虑带宽要求,还要满足用户其他要求。

1.3 无线视频编码与传输技术研究现状概述

上一节中,提出了无线 IP 网络中视频应用所面临的四个关键问题,由于笔者的研究工作主要集中在前两个问题,即针对无线 IP 网络带宽容量和带宽变化的不对称性、视频传输数据差错的多样性和时变特性方面做了些工作。因此,这里所述及的基于无线 IP 网络的视频传输技术的研究现状也是针对这两个方面的。

关于无线 IP 网络带宽容量和带宽变化的问题,要从两个方面来看:一方面,提高视频信源编码的编码效率,尽可能对信源数据进行压缩,以解决无线链路带宽资源不够问题的研究;另一方面,提高编码视频码流的网络自适应性,以适应网络带宽变化达到改善接收端视频质量的研究。

至于无线 IP 网络视频数据传输差错的多样性,我们不能孤立地看待这个问题。因为,视频数据传输差错直接影响用户接收端视频解码的质量,在实际的视频应用系统中,往往和整个传输方案一起考虑,例如,广义率失真优化视频传输系统的研究等。但是,真正要做的工作无非是两个方面:一方面,必须采用适当的差错控制策略减小或消除信道传输误码和丢包;另一个方面,当出现了传输误码和丢包的情况,必须有适当的差错补救机制使得解码端的视频质量损失最小。而根据差错控制实施的环节不同,可以从四个方面来看相关的研究现状:

(1)容错信源编码研究。

(2)信道错误控制研究。

(3)解码端差错隐藏研究。

(4)信源/信道联合编码研究。

总之,针对无线 IP 网络带宽容量和带宽变化的不对称性、视频传输数据差错的多样性和时变特性的研究现状,从以下五个方面加以描述。

1.3.1 视频信源编码标准与提高编码效率的研究

1948 年,Shannon 在发表于 *The Bell System Technical Journal* 的论文 *A Mathematical Theory of Communication*(通信的数学原理)[21]中,首次提出并建立了信息率失真函数的概念,由此奠定了信息编码的理论基础。此后,在视频编码技术方面先后出现了预测编码、变换编码和统计编码等经典方法,都已得到了广泛的应用。在现今已经制订的各种与视频编码相关的国际和国内标准中,基本上都具备与这三种经典编码方法相对应的模块。而随着编码技术的发展,视频编码标准愈来愈体现出对网络媒体应用——尤其是对无线网络媒体应用的适应性。

1. 视频编码的国际标准

视频编码的国际标准是国际标准化组织(ISO)为适应全球工业与经济的飞跃发展,将图像/视频编码的研究成果转化而成的标准。当前主要的视频编码标准主要有两个系列:国际电联(ITU-T)制定的应用于网络通信行业的 H.26x 系列标准和国际标准化组织运动图像专家组[22](MPEG)制定的应用于媒体业务的 MPEG-x 系列标准。

▽ **H.26x 系列标准**

国际电联(ITU-T)制定的应用于网络通讯行业的 H.26x 系列标准有:

(1) H.261[23]:用于 $p \times 64$ kbit/s($p=1,2,\cdots,30$)速率下音视频业务的视频编解码标准。采用的主要视频编码技术有 DCT 编码、帧间预测、运动补偿等方法,支持 CIF(352×288)和 QCIF(176×144)两种图像格式。

(2) H.263[24]:在 H.261 的基础上发展起来的编码标准。主要采用的编码技术与 H.261 相同,增加了 Sub-QCIF(128×96)、4CIF(704×576)、16CIF(1408×1152)三种图像格式,同时增加了无限制运动矢量、基于语法的算术编码、先进的预测、PB 帧四种可选模式。在低比特率(小于 64 kbit/s)环境下 H.263 的编码图像质量优于 H.261。

(3) H.263+[25,26]:H.263 的第二版,后向兼容 H.263,增加了 12个可选的编码模式:先进的帧内编码、除块滤波、片(slice)结构、附加增强信息、改进的 PB 帧、参考图像选择、时空及 SNR 可伸缩(scalability)、参考图像再抽样、减少分辨率更新、独立分段解码、可替换的帧内

VLC、修改的量化模式。

(4) H.263++[27,28]：H.263 的进一步改进，其标准已在 2001 年颁布。在 H.263+标准的基础上再加上若干个可选编码模式：增强参考帧选择模式、误码恢复的数据划分模式、IDCT 误匹配减少模式。另外，仿射运动补偿、选择系数扫描、误码控制编码及头信息重复等方法也是标准所采纳的技术。

▽ MPEG-x 系列标准

国际标准化组织运动图像专家组(MPEG)制定的应用于媒体业务的 MPEG-x 系列标准有：

(1) MPEG-1[29]：第一个 MPEG 标准。将运动图像和伴音以1.4 Mbit/s的比特率压缩存储在 CD 上，图像质量与盒式 VHS 相当，已在 VCD 中获得了广泛的应用。

(2) MPEG-2[30]：MPEG 制订的第二个多媒体标准，其大体框架与 MPEG-1 一致，但应用领域相比之下要更加广泛。MPEG-2 采用了工具集(toolkit)的方法来满足不同的要求，是当前公认最成功的视频压缩标准，虽已历时十余年，仍然在 DVD、数字卫星广播、数字机顶盒等领域得到广泛应用。

(3) MPEG-4[31]：1999 年出台的多媒体标准。较 MPEG 前两个标准而言，为多媒体数据压缩提供了一个更为广阔的平台。MPEG-4 提供了许多新的性能，如：基于内容的交互性，定义音视频对象，针对任意形状的视频对象编码；高效地编码自然或合成的多媒体数据；高效的压缩性与编码效率等。同已存在或即将形成的其他标准相比，在相同的比特率之下具有更高的视听觉质量；在易出错环境中具有更出色的健壮性。

(4) MPEG-7[32]：从 1996 年 10 月开始制订的一个新标准，2001 年成为正式的标准。

(5) MPEG-21[33]:1999 年底开始的有关多媒体框架标准的制定活动,其目的是为达到对支持电子内容传送的多媒体框架的共同理解。

严格说来,MPEG-7 和 MPEG-21 已不属于编码标准而应称为多媒体标准。

▽ 国际联合编码专家组(JVT)制定的标准

2001 年 12 月 ITU-T VCEG 和 MPEG 组织合作,成立了 JVT 国际组织以进行 H.26L 的制定工作。H.26L 原本由 ITU-T 的视频编码专家组于 1999 年 10 月形成第一个标准草案,以能够提供更高的编码效率,适应更多的网络媒体应用为目标。现今,标准第一版已于 2003 年 3 月完成[34],ITU-T 组织将这个标准称为 H.264,ISO 组织称其为 MPEG-4 Part10 Advanced Video Coding(AVC)。

由于 H.264/AVC 采用了 1/4、1/8 像素精度运动估计、帧内预测、自适应块变换(ABT)技术、多预测参考帧、基于上下文的自适应二值算术编码(CABAC)等技术使得其编码效率得到了较大提高。

▽ 视频编码的国内标准

相对于国外如火如荼的标准制定工作,国内在此方面还很落后。为了摆脱我国多媒体产品开发和生产企业受制于国外编码标准的现状,我国"数字音视频编解码技术标准工作组"(简称 AVS 工作组)于 2002 年 6 月 21 日正式宣布成立。工作组的任务是,面向我国的信息产业需求,联合国内企业和科研机构,制(修)定数字音视频的压缩、解压缩、处理和表示等共性技术标准,为数字音视频设备与系统提供高效经济的编解码技术,服务于高分辨率数字广播、高密度激光数字存储媒体、无线宽带多媒体通讯、互联网宽带流媒体等重大信息产业应用。2003 年 12 月 20 日,AVS 组织通报我国数字音视频编码标准(AVS)的第一部分(系统)和第二部分(视频)已经完成最终稿,并正式提交原信息产业部和国家标准管理委员会审批,可望成为行业标准和国家标准。2004 年 3 月开始了 AVS-M标准的制定工作,并于 2004 年 6 月 18 日初步确定了 AVS-M 视频编码平台,视频组目前讨论结果是采用中国科学院、北京工业大学等联合提出的系统作为 AVS-M 的基本测试平台,并将其中的所有技术采用全体会员都能接受的技术,尽可能的沿用了 AVS 1.0 的技术。

2. 提高视频编码效率的相关技术

当今主流的视频编码标准基本上是基于 DCT 变换和块的混合编码方案(H. 261、MPEG-1、H. 262、H. 263、MPEG-4/AVC),因此,下面所述及的各个方面也是基于这一点的。其基本算法都是通过帧内预测消除空域冗余,通过帧间预测和运动补偿消除时域冗余,经过变换编码消除频域冗余。因此,当今新的视频编码标准的基本功能模块:预测、变换、量化、熵编码从系统构成上没有根本性的变化,只是在每一功能模块的细节上都有重要改变。正因为这些细节技术的重要改变[35],为进一步提高编码效率作出了重大贡献。以 H. 264/MPEG-4-10 AVC 为例来说明:在相同视频质量下,H. 264 比 H. 263 节省了 50% 的比特率。现将 MPEG-4-10 AVC/H. 264 中使用的五个方面相关技术列举如下:

1) 多种宏块分割与多参考帧预测运动补偿

在 MPEG-4-10 AVC/H. 264 中采用了多种宏块分割与多参考帧预测运动补偿技术,下面分别进行说明。

这些技术对提高视频编码效率有重要贡献。

首先,MPEG-4-10 AVC/H. 264 支持 7 种不同尺寸和形状的宏块和子宏块(8×8)分割,分别是:16×16、16×8、8×16、8×8、8×4、4×8、4×4,如图 1.1 所示。通过 RDO(rate distortion optimization,率失真优

化)来选择不同的块尺寸。这种更小的、更多形状的宏块分割,可以改善运动补偿的精度,更好的实现运动隔离,提高图像质量和编码效率。

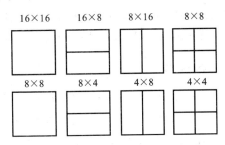

图 1.1 宏块和子宏块分割

其次,支持 1/4 像素精度的运动补偿,使用一个 6 抽头滤波器从整像素样本得到 1/2 像素样本,用线性插值获得 1/4 像素样本。先前的编码标准大多支持 1/2 像素精度的运动矢量,1/4 像素的运动矢量精度,最早出现在 MPEG-4(部分 10 中),而现今的标准则进一步减小了插补处理的复杂性。

第三,支持多参考帧,如图 1.2 所示。在对周期性的运动或背景切换进行预测时,多参考帧可以提供更好的预测效果。不过,如图 1.2 所示的运动矢量和参考帧的参数都要被编码传输。

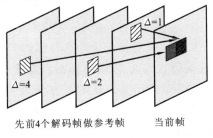

先前4个解码帧做参考帧　　　当前帧

图 1.2 多参考帧预测运动补偿

还有一些技术对提高编码效率也是有帮助的,如:在 H.263 及以后的 H.264 标准中,出现了运动矢量的图像边缘外推技术,不过是作为标准的可选项出现,而在 MPEG-2 及以前的标准中,运动矢量只能局限在先前解码的参考图像区域内。H.264/AVC 中还允许进行加权预测。

2) 多帧内预测模式

MPEG-4-10 AVC/H.264 中还运用了多帧内预测技术。

帧内预测是用邻近块的像素做外推来实现对当前块的预测,预测块和当前块的残差被编码,以消除空间冗余。尤其是在变化平坦的区域,帧内预测大大提高了编码效率。块或宏块做帧内编码时,4×4 的亮度或 16×16 的亮度和色度样本有多种预测方式。对于 4×4 的亮度块预测方式见图 1.3 和图 1.4。

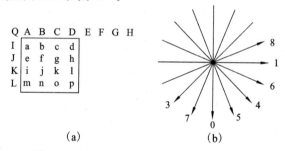

(a)   (b)

图 1.3 4×4 亮度块的帧内预测及预测方向

大写字母 A~L 表示来自临近块并已经解码重构的像素(当这些像素在图像外部或编码次序上滞后于被预测像素时,是不可得的),小写字母 a~p 表示将要被预测的像素。多帧内预测模式共有 9 种预测方式,其中模式 2 为 DC 预测(不包括在方向预测图中),图 1.3(b)表示 8 种预测方向,每一方向对应一种预测模式,再加上 DC 预测共 9 种帧内预测模式,图 1.4 给出了 9 种预测模式中的 5 种。

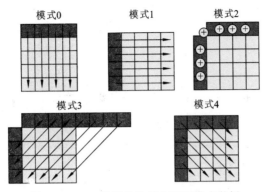

图 1.4　4×4 亮度块的帧内预测模式举例

3）自适应块变换（ABT）、整数变换和量化

每一个残差宏块都要进行变换和量化。H.264 以前的标准都是基于 8×8 的 DCT 变换，而 H.264 中有 3 种不同类型的变换，见图 1.5。4×4 的亮度 DC 系数变换（标号-1），2×2 的色度 DC 系数变换（标号 16、17），其他的 4×4 残差为 AC 系数变换（标号-1～25 是变换时的次序），如图 1.5 所示。在 MPEG-4-10 AVC/H.264 中，变换是和 DCT 很类似的一种整数变换[36]，这样在数学运算时可以用加取代乘，减少了舍入误差，避免了反变换失配，提高变换的精度。H.264 的量化步距是非线性的指数关系，量化参数 QP 每增加 6，量化步长加倍，提高了码率控制能力。

4）环路滤波

为了降低由 H.264 高压缩比产生的明显的块失真效应，所有宏块按扫描顺序进行有条件的滤波。解块滤波器应用在反变换后，宏块重构前。根据宏块中每一个块的位置和量化参数的不同，对每一条块边

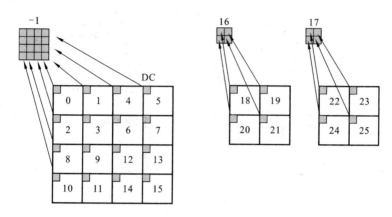

图 1.5　亮度和色度宏块的 DCT 变换

界设置不同的滤波强度（strength），自适应的调整滤波效果。在宏块中按下面的顺序对 4×4 块的水平和竖直边界滤波：

首先，对亮度分量的 4 个垂直边界滤波，其次，对亮度分量的 4 个水平边界滤波；再次，对色度分量的 2 个垂直边界滤波；最后，对色度分量的 2 个水平边界滤波。

解块滤波器的滤波将影响临近块边界的至多 3 个像素。通过这种自适应调整强度的解块滤波，有效地改善解码图像的主观视觉质量。并且在编码器中用滤波的宏块做运动补偿时，可以减小预测残差[37]，提高压缩效率。

5）基于内容的自适应算术编码（CABAC）

在 H.264 中熵编码可以采用通用变长编码（UVLC）也可以采用基于内容的自适应算术编码（CABAC），并且在性能上 CABAC 比 UVLC 有 15％的提高。CABAC 与 UVLC 相比，有 3 个明显特点[38]：

（1）内容模型提供编码符号概率分布的估计。利用适当的内容模型,在编码当前符号时,根据已编码的临近符号的概率统计,在不同的概率模型间转换,充分利用符号间的冗余。

(2)算术编码可以给每一个符号的字母分配非整数的比特,因此符号可以接近它的熵率被编码。如果选择了高效的概率模型,符号概率常常大于 0.5,这时分数比特就比 UVLC 的整数(至少 1 bit)比特高效得多。

(3)自适应的算术编码可以使编码器自适应采用动态的符号概率统计。例如,运动矢量的概率统计随空间、时间的不同,或序列、比特率的不同可以发生巨大的变化。因此自适应模型可以充分利用已编码符号的概率累计,使算术编码更好地适应当前符号的概率,提高了编码效率。

1.3.2 网络带宽自适应信源编码技术

早期的视频编码方案,如 MPEG-1、MPEG-2 等产生的码流用来传输时存在致命的缺点:码流的码率不能适应信道带宽的时变特性。为了解决这一问题有一些折中技术相继被使用,如:最小传输(minimum transmission)的视频编码技术、自适应视频编码(adaptive encoding)、转码技术(transcoding)、码流切换技术(bit stream switching)和多描述编码(multiple description coding)[39-45] 等。以上技术基本上是围绕传统的非分级视频编码方案来实现视频数据流的传输,即使一些编码方案为了提高视频流适应信道带宽变化的灵活性,进行了技术上的改进,如转码技术和码流切换技术,但这些只能算是一种折中方案,因为这种灵活性的提高是以增加视频服务器开销或增加存储量作为代价的。存在这种问题的根本原因是传统的非扩展性视频编码技术是面向存储的而非面向传输的。

为了彻底克服面向存储编码技术的缺点,面向传输的可扩展性视频编码技术得到了快速的发展。这些技术在进一步提高编码效率的同时增加了编码输出码流适应网络带宽动态变化的灵活性。可伸缩性编码一般是指对于同一视频文件进行编码后,接收端可以根据获得数据的多少解出不同分辨率和不同质量的视频。

至于可伸缩性视频编码的灵活性方面具体内容在第二章介绍,下面列出可伸缩性编码的基本类型[46]:

(1) 分层可伸缩性编码(layered scalability coding)。

分层编码又有三种基本类型:时域可伸缩性编码(temporal scalability coding)、空域可伸缩性编码(spatial scalability coding)和质量可伸缩性编码(PSNR scalability coding)。

(2) 精细粒度可伸缩性编码(fine granular scalable coding,FGS)。

(3) 渐进精细粒度可伸缩性编码(progressive FGS)。

1.3.3　容错信源编码和解码端差错隐藏技术

1. 容错信源编码技术

容错信源编码技术也称信源编码的差错恢复(error resilient)技术。既有针对无线信道的误码技术也有对抗有线链路丢包的技术。在面向低带宽传输环境的视频标准(H.263＋、H.264、MPEG-4)中,定义了一系列的对抗误码的差错恢复工具。

1) 重同步标志

重同步标志(resynchronization marking)[47-51]是在码流中插入一些特殊的二进制字符串,使得解码器可以定期校准解码视频的帧号和宏块号,使得差错限制在一定的范围内。现在采取的重同步策略之一就是H.261、H.263等的编码器将每一帧图像分为若干块组(GOB),解码器可以利用 GOB 的起始码作为重同步码。但在这种策略中,重同步码之间的间隔是不相等的,因而对于图像中剧烈运动的部分,码字的间隔往往较大,一旦发生错误,解码器需要较长时间才能恢复同步,而且受差错影响的码字数量也较多,这些都不利于解码器进行进一步的差错复原工作。在 MPEG-4 中定义了一种新的基于视频包(video packet)的重同步策略[52,53],采用这一策略可以使 MPEG-4 码流中重同步码字的间隔基本上相等。该种重同步策略就是编码器将每帧图像分割为若干视频数据包,视频数据包由完整的宏块组成,其长度由预先设定的阈值决定。如 MPEG-4 编码器就是通过在每个视频包头处插入唯一的重同步码字来实现重同步。但是,这种重同步标志不能插入得太频繁,因为会增加太多的冗余信息[54]。

2) 数据分区

数据分区(data partitioning)是将视频码流中描述不同的数据的成分开存放,以便在信道编码时加以不同的保护[55,56]。对重要的数据(如低频 DCT 系数、运动矢量等)实施细粒度的保护,对视频质量影响不大的数据(如高频 DCT 系数)实施粗粒度的保护,这样有利于保护重要的数据。MPEG-4 中除了提供重同步标志外,又将每个包分成更小的逻辑单元,每一个单元仅包含一种类型的数据(如运动矢量、DCT 系数和对象形状等),整个包中同一种数据均集中放在一起。这样当发生传输错误时,解码器可以搜索下一个逻辑单元标志,在当前包的下一个逻辑单元处重新开始解码[52]。

3) 差错恢复熵编码

差错恢复熵编码(error-resilient entropy coding,EREC)这项优秀的技术是由 Redmill 和 Kingsbury 提出来的[57]。其主要思想是把变长编码的码流转换成固定长度的数据块,数据流被重新安排(图 1.6)。但是与数据分区不同之处在于,它不是把同一类型的数据安排在一个分区中,而是重新编排 VLC 数据块,使得每一个 VLC 数据块在数据流中的起始位置可以预先得知,并且最重要的信息被安排在最靠近同步标志处。

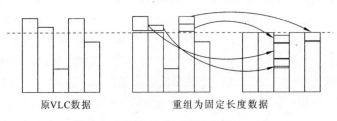

原VLC数据　　　　　　　　　重组为固定长度数据

图 1.6　差错恢复熵编码数据重组示意图

4）可逆变长编码

可逆变长编码(reversible variable length codes,RVLC)是 Huffman 编码的一种扩展,其中每一个码字不仅不是其他码字的前缀,也不是其他码字的后缀,这样每一个码字可以从前后两个方向解码,从而提高了视频码流的鲁棒性。图 1.7所示为 RVLC 编码比特差错的影响图,由于采用了 RVLC 编码技术,同样的比特差错需要丢弃的数据比单纯的 VLC 编码要少许多,但其缺点是使得编码效率降低。

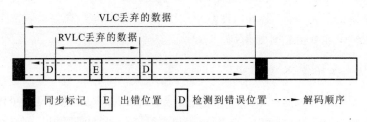

图 1.7　RVLC 编码比特差错的影响示意图

除了上述几种差错恢复技术外,固定长度的编码也是对抗随机差错的有效办法,只是编码效率低下。这些技术主要适用于随机差错(比特差错)的情况,对于信道丢包的情况并不是十分有效。上述差错恢复技术,都是在信源端实现的,只是视频通信中差错控制的一个环节,通过这些技术,希望视频数据在传输过程中尽可能不出现或者少出现差错和丢包。

在有线链路中,由于网络的拥塞或者时延过大而出现丢弃数据包的情况,这种情况下的错误恢复技术有最优模式选择和多描述编码。

5）最优模式选择

最优模式选择(optimal model selection)的基本思想是,当网络的丢失率增加时,编码器应该采用合适的帧内宏块编码刷新率(Intra 模式编码宏块与 Inter 模式编码宏块的比值)进行 Intra 宏块编码,因为,Intra 模式编码的视频数据在解码时不依赖于其他的视频帧,数据丢失时只影响本帧,而不至于产生差错的扩散。关于 Intra 编码模式与 Inter 编码模式的选择策略有:随机 Intra 宏块编码,周期 Intra 宏块编码(刷新周期由 $1/p$ 决定,p 是块丢失率),基于反馈信息的 Intra 宏块编码。而目前,较多的研究[58,59]集中于:如何在指定的比特率约束下,基于 R-D(率失真)优化理论选择 Intra 与 Inter 编码模式,从而达到全局最优的接收视频质量。

6）多描述编码

多描述编码(multiple description coding)[43-45]方法的思想是将一个视频序列编码成多个压缩视频流(对视频序列的多个描述),接收端只要接收到一个视频流就可以独立解码,多个视频流的同时接收可以获得更好的视频播放质量。这样,通过减少视频编码的相关性,可以约束丢包造成的差错扩散。多描述编码虽然增强了传输的视频数据的鲁棒性，但是由于去除了视频的相关性，造成了编码效率的降低。如何在数据的鲁棒性和编码效率之间取得平衡是这类算法研究的关键。

　2. 解码端差错隐藏技术概述

众所周知，自然场景的图像主要由低频分量构成，比如，除了有尖锐边缘的区域，空间和时间上相邻的像素的色度值有平缓的变化[17]。而且，相对于低频分量来说，人眼能忍受更多高频分量的失真。利用这些特点能隐藏传输差错引入的不自然现象。在本节中，我们在基于块的运动补偿和无重叠块的变换（特别是DCT）的视频编码方法的基础上描述一些现存的解码端进行差错隐藏的技术。

Wang等[17,18]将解码端差错隐藏技术分为：运动补偿的时域预测（motion-compensated temporal prediction），最大平滑恢复（maximally smooth recovery），空域、频域插补（spatial-domain and frequency-domain interpolation），运动矢量和编码模式恢复（recovery of motion vectors and coding modes）四种类型。

1）运动补偿的时域预测

一个简单的利用视频信号中时间相关的方法是将损坏的宏块前一帧中对应的宏块代替。尽管如此，在大运动中该方法会产生不利的视觉人工效应。一个有效的改进方法是以运动补偿块代替该宏块（如损坏块的运动矢量指定的块）。该方法与在基本层中包含运动信息的层编码结合起来非常有效。因为其简单性，该方法被广泛地应用。实际上，MPEG-2标准允许编码端发送帧内编码宏块的运动矢量，这样这些块如果在传输中被损坏的话，能被更好地恢复。

使用运动补偿差错隐藏可以在比特丢失率为 e−2 的情况下将MPEG-2视频的重建图像的 PSNR 提高 1 dB。但并不是所有情况都能提供需要事先知道的运动信息。当运动矢量也被损坏时,则需要从周围宏块的运动矢量中估计出来,而不正确的运动矢量估计会导致重建图像的很大的错误。另外,当原始宏块以帧内方式进行编码,而编码模式信息被损坏时,以这种方法进行隐藏会在某些情况,如场景变换下导致灾难性的后果。

Kieu 和 Ngan[60] 考虑了在层编码中的差错隐藏问题,即在基本层中发送运动矢量和低频系数而在增强层中发送高频系数。当增强层被损坏时,不是简单地将高频分量设为 0。结果表明,使用前一帧的运动补偿宏块的高频分量来代替能提高重建图像的质量。这里,我们假设基本层无差错地传输。当增强层被损坏,对于每个被损坏的宏块来说,其运动补偿宏块已经形成,所以得到的高频 DCT 系数与当前帧中被损坏的块中基本层的 DCT 系数结合起来,然后反 DCT 变换,可以得到一个差错隐藏的宏块。以上的技术仅利用了视频信号的时间相关性。为了得到更满意的重建效果,也需要利用空间相关性。

2)最大平滑恢复

该方法通过受限能量最小化来利用大多数图像和视频信号的平滑特性[61]。该最小化以块为单位进行。特别地,为了估计每一块中丢失了的 DCT 系数,该方法将某块和其时间、空间相邻块中像素的时间、空间测量的差值减到最小,这样得到的预测视频信号尽可能的平滑。具体操作为:首先通过空间平滑将这种方法用于使用基于块变换的静止图像的受损块的恢复,然后通过加入时间平滑方法将该方法扩展到利用运动补偿和变换编码的视频编码中。在后一步中,需要最小化的差错函数是一个空间差错测量和时间差错测量的加权和。为了计算的简洁,时间和空间的差错测量分别定义为空间和时间上相邻像素的均方误差和。图 1.8 表示两种空间平滑度测量。其中,两个像素间的箭头表示这些两像素间的差值被包含于平滑度测量。图 1.8(a)中表示的测量在只有 DC 系数丢失的情况下是正确的;图 1.8(b)在 DC 和一些低频系数丢失的情况下更加有效。

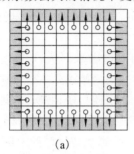 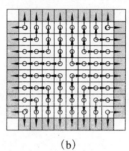

(a)　　　　　　　　　　　　　　(b)

图 1.8　空间平滑约束的示意图

　　为了满足接收到的系数加入的限制,待重建的图像块以接收到的系数、需要被估计的丢失了的系数和前一帧中的预测块(仅用于帧间编码块)来表示。该方法本质上包括了三次线性插值——在空域、时域和频域——分别从以前重建了的相邻图像块的像素、前一帧的预测块、和该块中收到的像素重建。当受损块中所有的系数都丢失时,该方法退化为空间和时间插值。如果将空间差值测量的权值设为 0,则该方法等价于用预测块代替受损块。另一方面,如果时间差值测量的权值为 0,只利用空间相关性,则该方法即为收到的系数和相邻像素数据的线性插值。该方法可用于帧内编码块或者静止图像。重建算子取决于使用的权值因子和与丢失的系数相关的基于变换的函数。对于一个给定的丢失模式,该算子能被预先计算,而且重建任务包括一个矩阵和矢量的乘积,其复杂度与块变换类似。

　　使用上述重建技术,仿真结果显示,当一个块的相邻块能被用于空间/时间插值时,即使前 15 个低频系数丢失也能被恢复到可接受的质量。为了增强编码器的鲁棒性,可以在传输前交织相邻块的系数,则信道错误仅仅会影响空间不相邻的块。而且,系数能被分割成多层,则只有几种有限的丢失模式,为这些丢失模式设计的插值滤波器可预先计算。这些改进已经被加入到类似于 MPEG-1 的视频代码中,而且在解码端的重建技术仅在包含低频系数的层丢失时使用。特别地,可以使用四层:基本层包含编码模式,第二层包含运动矢量,第三和第四层分别包括低频和高频 DCT 系数。仿真结果显示该改进的 MPEG-1 系统能在第一、二层丢包率为 e−3,第三层丢包率为 e−2 的情况下提供视觉可接受的质量。

3）空域、频域插补

由于视频信号平滑特性,每个受损块中的丢失了的系数可以从其 4 个相邻块中对应系数处插值得到。插值系数由使空间偏差测量最小的方法来估计。当受损块所有的系数都丢失时,频域插值等价于从 4 个相邻块中对应像素插值。因为用于插值的像素是在 4 个不同方向上的 8 个像素远处,这些像素与丢失了的像素的关联可能很小,所以插值可能不准确。为了提高预测准确性,Aign 和 Fazel[62,63] 提出了一个受损宏块中的像素的值由其 4 个一像素宽的边界中插值得来。他们提出了两种方法:

（1）一个像素由其最近的边界的两个像素插值得到,如图 1.9(a) 所示。

（2）如图 1.9(b) 所示,一个宏块中的像素由其 4 个边界中的像素插值得到。

4）运动矢量和编码模式恢复

前面三种差错隐藏方法中,都假设了编码模式和运动矢量能被正

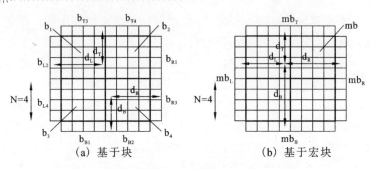

（a）基于块　　　　　（b）基于宏块

图 1.9　用于差错隐藏的空间插值

确地接收。如果编码模式和运动矢量也被损坏了,则它们需要被估计以用来恢复丢失了的系数。基于时间和空间的平滑度的相同的假设,编码模式和运动矢量能从空间和时间相邻的块中类似地插值得到。

对于编码模式的估计,可以简单地将其视为一个损坏了编码模式的块看成帧内编码块,并且仅利用空间相邻的无损块的信息恢复这些块。这样做是为了避免一些情况如场景转换时错误的编码模式造成的严重后果。图 1.10 表示一个用于 MPEG-2 编码视频中的,从顶部和底部相邻宏块中估计宏块编码模式的更精细的框架。

对于丢失了的运动矢量的估计,提出了下述方法:

（1）将运动矢量简单地设为 0,当视频序列的运动幅度较小时很有效。

（2）使用前一帧中对应块的运动矢量。

（3）使用空间相邻块的运动矢量的均值。

（4）使用空间相邻块的运动矢量的中值。

通常,当一个宏块被损坏,其水平相邻的宏块也损坏了,所以,取上面和下面运动矢量的均值或中值。已经可以证明最后一种方法产生最好的重建效果。而更好的办法是从上述四种方法中选择一种,取决于哪一种产生最小的边界匹配误差。该误差定义为重建宏块分别与其

Top MB

Bottom MB

MB Type	Forw	Intra
Forw	Forw	Forw
Intra	Forw	Intra

（a）P帧

Top MB

Bottom MB

MB Type	Forw	Back	Inter	Intra
Forw	Forw	Inter	Inter	Forw
Back	Inter	Back	Inter	Back
Inter	Inter	Inter	Inter	Inter
Intra	Forw	Back	Inter	Intra

（b）B帧

图 1.10 MPEG-2 中编码模式的估计

上、其左、其下宏块的一像素宽边界的偏差的和。并且假设这些相邻宏块已经被重建，受损宏块只是运动矢量丢失了。当该宏块的预测误差也丢失时，对于每种候选运动矢量，边界匹配误差计算基础是假设受损宏块的预测误差分别与其上面的、左边的、下面的宏块相等或者为 0。运动矢量与预测误差的结合得到最小的边界匹配误差时即为最后的估计方法。实验显示该方法比单独使用上述四种方法中的一种能得到更好的视觉重建效果。

Tsung 等提出了基于对象视频编码的一个渐进插补和边缘匹配(progressive interpolation and boundary matching)差错隐藏算法，其特点是低复杂性，计算量小[64]。

Wang 还认为，如果反馈信道存在的话，差错隐藏还可以通过解码器与编码器的交互来实现，但这不是本书讨论的重点，不加赘述[17]。

1.3.4 信道差错控制技术

前面已经述及，基于 IP 的无线网络中的视频传输既存在网络拥塞导致的视频数据包的丢失，又存在无线链路中传输的误码，一个噪声干扰强的无线环境里，误码率通常在10％以上。无论是现在的2G或3G系统，还是极有可能会在未来数年内替代它们的4G系统，传输差错也难以避免。尽管前面介绍了容错信源编码和解码端的差错隐藏的相关技术，但在信道传输时采取一些差错控制技术也是必不可少的。

通常用于信道传输差错控制的基本技术有两种：前向纠错（forward error correction，FEC）技术和自动重传请求（automatic repeat request，ARQ）技术。FEC适合有严格时延约束的实时视频应用，但对于时变的误码信道，FEC的有效性大打折扣，设计不佳的FEC还会引入大量的冗余信息；ARQ这样的闭环控制技术则适合时变信道的非实时视频应用，但对于受损数据的重传，难免会引入额外的时延。为了在差错控制的有效性与时延约束之间取得权衡，F Hartanto和H R Sirisena提出了自适应混合FEC/ARQ方案[65]，即同时引入FEC和ARQ。但在既有丢包又有误码的混合差错实时视频传输中，混合FEC/ARQ方案也难已奏效，一种称为乘积码的FEC[66]方案被提出。

除了上面所述及的传统信道差错控制技术之外，近20年来，结合无线视频应用的差错特点，提出了许多新的技术方案。

1）误码检测与重同步

传输误码的检测方案有多种。在基于数据包的多媒体传输系统中，传输层差错检测最常用的一种方法是利用数据包的头部字段信息（head information）[67]。当数据包丢失发生时，连续到达传输层解码器的数据包的序号将不再保持连续，接收端传输层解码器从而可以判断出数据包丢失的发生以及发生位置。这种差错检测方法也称为基于失序（gap-based）的差错检测方法，普遍应用于基于无线IP网络的多媒体传输系统中，如多媒体会议的复用协议H.223[68]。

传输层采用的另一种差错检测方法是 FEC 技术[66,69-71]。这种方法对多媒体编码器输出的压缩多媒体流分段进行纠错编码,即为每个数据段提供纠错字段,传输层解码器根据纠错字段判断差错的发生及其发生位置,接收错误通常会被解码器检测到。

检测到错误之后,更为重要也更为困难的工作是进行重同步[51]。针对误码之后解码信息重定位的困难,通常会使用的解决策略是前面提到的重同步标记技术。在 H.263 标准[24]中,重同步的基本方法是使用 GOB-headers。将这些 GOB-headers 有选择性地插入每个 GOB 的开头处。在 MPEG-4 和 H.263++标准当中,规定了更为先进的重同步技术,其中 data partitioning 的应用——尤其在与可逆变长编码 (reversible variable length coding) 技术相结合时——具有显著的效果。

2) 减轻帧间错误传播的影响

重同步虽然可以降低由丢包等原因造成的误码,却无法阻止帧间错误传播。帧间错误传播对视频质量有着极大的影响,它是由编码器的运动预测与补偿结构引起的,对信道传输的残留差错进行帧间传播。

通常情况下,要从预测回路中去除错误传播的影响,会使用以下三种方法[72-74]:

(1) 不再以前帧做为参考进行预测,而改用 Intra 模式。

(2) 将作为预测参考的参考帧限定于已被无错接收的图像。

(3) 预测信号经由泄漏预测(leaky prediction)消除误码传播的影响。

从理论上来说,第一种方法与第三种方法是相关的,因为使用 Intra 更新可以看成 leaky prediction 的极端形式。两者相较之下,leaky prediction 虽然具有更高的运用灵活性,却没有被现有的大多数规范所正式采用；Intra 更新能消除误码传播对视频序列的整体影响，近年来已被广泛研究，并出现了众多解决方案。

3）基于反馈信息的误码控制

即使使用 Intra 帧更新来消除后继帧中的错误传播，还是无法挽回已有的编码有效性的损失，而在接收端和传送端之间通过反馈信道进行错误恢复是一种能够预防误码的方法。

反馈信道传送的信息，NAK（negative acknowledgment）和 ACK（positive acknowledgment），可以指示一系列宏块或一整个 GOB 的接收情况。这两种信息总共所需的码流与主传送信道的码流比起来要少得多。如果在不限制延时的条件下，使用这种基于反馈的重传技术[75,76]可以保证无错的接收。

以上段落讨论了一些使用广泛的检错与纠错的技术，从中可以看出，许多错误控制的方案都是针对某些具体问题的机动策略，并不具备普适性。在现今的无线媒体传送系统的研究中，不少研究者主张：通过联合信源/信道编码的优化方法来自适应选择信源、信道编码参数，使传输视频端到端失真最小，达到接收端最优视频质量。

1.3.5 信源/信道联合编码研究

信源/信道联合视频编码是当今多媒体通信领域很重要的研究课题[77-85]，因为它突破了 Shannon 信息论的"分离原则"，能将信源和信道联合起来作为一个系统考虑，进行联合参数优化和码率的优化分配，提高了视频数据适应无线移动网络变化的能力，使得输出的视频失真最小。同时，还可以降低无线移动多媒体通信系统的实现复杂度。关于联合信源信道编码技术的分类，不同的文献有不同的分类方法。我认为分为下面四类更合适一些：

1）信源控制信道编码的联合编码技术

根据信源编码输出数据的重要性不同,进行不同保护粒度的信道编码。这类联合编码技术应用较多,而且已有部分实用。但究其根源仍未脱离传统的 Shannon 信息论,只是改进信道编码以适应信源编码的输出码流而已。

2）信源控制信道解码的联合编码技术

这是用信源编码的残留冗余来控制信道解码的技术。然而由于这类联合编码方式设计起来过于复杂,并且一定要基于某种特性已知的信源编码器和信道编码器,因此限制了其应用范围,目前已经不是研究的重点。

3）信道控制的信源编码的联合编码技术

根据不同的信道模型选择不同的信源编码参数。这类方法实现较简单,但信道模型能否很好地匹配信源参数是这类技术的关键。

4）联合参数优化的联合编码技术

这种技术将已知的信源编码器和信道编码器级连起来,保持两个编码器之间的独立性,但是它根据广义率失真函数,联合优化信源、信道的编码参数以实现联合编码的目的。广义率失真模型通常有两种类型:理论分析模型和经验模型。这种联合编码技术是当前信源信道联合编码的主流方向。

1.4 本书内容要点

本书以宽带无线通信与多媒体系统研究中心所承担的国家 863 计

划——信息技术领域计算机软硬件主题"数字视音频编码、传输、测试与应用示范"、国家自然科学基金重大项目"未来移动通信系统基础理论与技术研究"等为背景。研究的主要内容包括以下三个方面:

1) 基于无线 IP 网络的 FGS 视频传输系统

基于无线 IP 网络的端到端可伸缩性视频传输系统,涉及可伸缩性信源编码技术、针对混合丢包的传输机制、信源——信道联合码率优化和接收端检错纠错技术等方面。本文将源端可伸缩性视频编码技术与跨层多乘积码信道不平等保护传输策略进行优化组合,采用联合信源——信道编码技术构筑起了一个基于链路层和传输层的跨层自适应传输系统。

2) 基于无线 IP 网络的源端 MPEG-4 FGS 视频增强层编码

自适应源端编码是自适应传输系统中的一部分,但它也是实现整个系统的关键所在。近年来,分层编码(layered coding)被广泛接受作为适应网络带宽变化的源端编码技术,特别是精细粒度可伸缩性视频编码技术以其适应网络带宽变化的灵活性而备受大家关注,然而,其编码效率低下的致命弱点又制约了其实际应用。在对原 FGS 编码技术深入研究的基础上,对原比特平面编码技术、比特流结构和信源各视频帧间码率分配技术等进行优化改进,一方面,以期进一步提高编码效率和信源编码器输出比特流的容错性;同时,又能够提高整个视频系列的质量。

3) 基于无线 IP 网络的 FGS 视频传输的联合信源—信道编码的码率优化配置算法

采用联合信源—信道编码技术,结合信源端 FGS 编码、信道多乘积码 FEC 技术和广义率失真理论进行优化码率配置算法研究。

基于以上研究内容,本书的组织如下:

第 2 章,提出了一个基于无线 IP 网络的 FGS 视频传输系统的框架,简要描述了各模块的功能;并对可伸缩性视频编码技术做了介绍,为后续工作做了铺垫。

第 3 章,对 MPEG-4 FGS 增强层编码方案中的增强层比特平面编码技术、增强层比特流结构和增强层各帧间码率配置进行优化改进,以进一步提高其编码效率和容错性。

第 4 章,针对无线 IP 网络中混合丢包的特点提出了跨层多乘积码 FEC(MPFEC)编码方案,对经由有线链路和无线信道传输而引入的失真进行分析,建立起用于发送端的估计 FGS 增强层传输失真的模型。

第 5 章,基于广义率失真理论,采用联合信源—信道编码技术,结合信源端的 FGS 技术和 MPFEC 传输策略,给出了 FGS 增强层和信道码率优化配置算法的控制步骤。

第 6 章,该章主要讨论单层或分层编码中的基本层视频传输的问题。考虑基于运动补偿预测视频编码的帧间依赖性和差错繁殖的衰减性的特点,对在目标码率约束条件下,基于广义率失真理论的联合信源—信道编码的优化码率配置算法和信道的不平等保护进行了研究。为了减少计算的复杂性,信道编码性能、差错繁殖的衰减性和率失真函数均被建模,实验仿真证明这些模型在给定条件下与实际仿真测量结果间吻合很好。特别是,引入了差错繁殖的衰减模型之后,使得率失真模型的建立和率失真曲面的生成更加简单。

第 7 章总结本书的研究工作,并提出有待今后进一步深入探讨的问题。

2 基于无线IP网络的 FGS视频传输系统

基于无线 IP 网络视频传输系统的构建通常有两种基本方法[1,86]：

(1) 以网络为中心构建系统。即由网络中的路由器/交换机、基站/接入点根据不同视频应用要求提供相应的数据率、时延约束以及包丢失率的保证来满足相应的服务质量 QoS。该方法的一个关键问题是如何设计跨层的 QoS 映射。

(2) 以收、发端为中心构建系统。即在发送端和接收端使用各种控制技术，如拥塞控制、差错控制和功率控制等，而不需要来自网络的 QoS 支持，来达到应用层视频质量最优，该种方法的优势是对核心网络的改变是最小的，而要取得好的效果，关键是如何设计更有效的拥塞控制、差错控制和功率控制机制。

我们就是基于第二种方法提出了一个基于无线 IP 网络的端到端的视频传输系统框架。

2.1 基于无线 IP 网络的 FGS 视频端到端的传输系统框架

如图 2.1 所示，描述了无线 Internet 中视频应用的一般情况，移动用户在最后一英里通过无线接入 Internet 骨干网。仔细分析，不难发现,该示意图包含了三种情况的端到端视频应用系统[1,2,14,15,86,87]:从移动用户 1 到 Internet 中的有线用户或视频服务器,这是从无线终端到有线终端的端到端系统;从 Internet 中的视频服务器到移动用户 2,是一种从有线终端到无线终端的系统;而从移动用户 1 到移动用户 2,实际上是前两种情况的联合,是从无线终端到无线终端的系统。

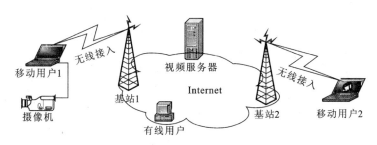

图 2.1　通用的无线 IP 网络视频应用服务示意图

无论上述三种情况中的哪一种,它们的一个共同特点是:无线接入网与 Internet 骨干网拥有各自的网络环境。通常情况下,要想取得最佳的端到端的视觉质量,设计的视频应用系统应该能够感知网络条件并能够自适应网络条件的变化。国际电联(ITU-T)和国际标准化组织运动图像专家组(MPEG)将主要的无线业务分为三类:基于电路交换和包交换的会话(conversational)业务(PCS)[88]、实时或预编码的基于包交换的媒体流业务(PSS)[89]以及多媒体消息业务(MMS)。这三种特定应用的传输要求由各无线服务所需的码率、允许端到端的最大延时、最大延时抖动等性能参数来决定。其中 PSS 和 PCS 对传输有严格的时间要求,需要尽可能地减小端到端的延时与抖动,避免任何可感知的干扰,以保证音视频的同步性。此时,传统有线网络中的错误控制技术已不再有效,类似于 ARQ 和重传等无线纠错手段的使用也变得有限。为了抵抗无线信道中大量的突发误码,依赖信源编码所进行的错误恢复就显得极为重要。

因此,在设计一个 PCS 和 PCS 系统时,主要从下面两个方面来考虑:

(1) 发展更具灵活性的视频编码方案。主要体现在,要求进一步提高视频数据的压缩效率,尽可能消除视频中的冗余信息,使得信源编码输出的数据量尽可能的少,以适应网络最低传输带宽的情况;同时,要求提供灵活的视频质量分级来最大限度适应网络的动态特性,尽可能为用户提供好的视频质量。

(2) 必要的错误控制技术的研究。由于高压缩比的视频数据对传输过程中的误码和丢包非常敏感,有时即使是一个比特的错误可能会导致接收端解码的视频质量严重下降。因此,必须有合适的错误控制技术来保证在用户端得到的视频失真最小。

基于上述想法,我们给出了一个基于无线 IP 网络的端到端可伸缩性视频传输系统框架,如图 2.2 所示。

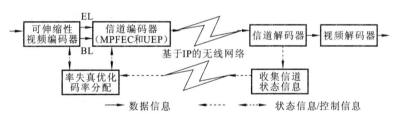

图 2.2   无线 IP 网络中端到端可伸缩性视频传输系统框图

整个框架由 6 个模块组成:可伸缩性视频编码器(内嵌增强层码率调度算法模块)、具有多乘积码 FEC 和 UEP 的信道编码器、率失真优化码率分配模块、信道解码器、收集信道状态信息模块和视频解码器。本章主要就各模块的功能作简要讨论,并较全面详细地介绍分层编码技术和可伸缩性视频编码技术;多乘积码 FEC 和 UEP 的信道编码器将在第 4 章介绍;收集信道状态信息模块在第 5 章介绍;率失真优化码率分配模块在第 6 章介绍。

2.2　各模块功能概述

2.2.1　视频编码器

考虑到无线 IP 网络的带宽和带宽变化的不对称性的问题,所以信源编码方案的选取要考虑两个问题:

(1) 要考虑无线 IP 网络信道状态(特别是无线链路的情况)最糟糕情况下能够提供的带宽,因为这时的网络带宽制约了整个端到端的视频传输的带宽,决定了端到端的基本视频质量。视频信源编码器要能够提供基本码率的视频数据。

(2) 由于无线 IP 网络的带宽是时变的,因此,视频编码器除了能够提供基本视频质量的数据以外,还要能够提供精细粒度的增强层码流以适应网络带宽的动态变化,给用户提供尽可能好的接收端视频质量,同时,还要满足简单的实时码率控制算法。

基于上面的考虑,MPEG-4 FGS(或者 PFGS)编码器能够满足要求。当然,除了 FGS 外,诸如三维小波/子带编码(3-D wavelet/sub-band coding)方案也能满足上述要求,只是在接收端需要较大的存储容量,不太适合移动设备[90]。FGS 由于使用了位平面编码技术,与非扩展性编码相比有如下新的特点[46]:

(1) 增强层使用位平面编码技术对 DCT 残差进行编码来覆盖网络带宽的变化范围。

(2) 每一帧的增强层码流可以在任何地点截断。

(3) 解码器重建的视频质量和收到的比特数成正比。

而基本层使用基于分块运动补偿和 DCT 变换的编码方式达到网络传输的最低要求。

在我们的工作中,视频编码器中嵌入了一个信源率失真(R-D)获取单元,以便实时获取信源率失真信息。

2.2.2 多乘积码 FEC(MPFEC)信道编码器模块

无线 IP 网络的异构性决定了视频传输差错的多样性,即有线信道拥塞导致的丢包和无线信道衰落的突发错误导致的丢包同时存在。通常情况下,对付这种复杂丢包情况采用的办法是采用 ARQ,然而在有延时和延时抖动约束的 PCS 和 PSS 业务中,ARQ 会带来过多的延时。因此,FEC 和限制 ARQ 混合方案被提出[65],然而,如果丢包仅仅是无线链路传输误码造成的,重传并不能解决问题,并且重传次数过多会加剧带宽的波动。

鉴于上述情况,一种称为乘积码 FEC(product FEC,PFEC)[66] 的方案被用于这种混合丢包的视频传输系统中。该方案的主要思想是:通过使用循环冗余校验(CRC)和率兼容穿孔卷积编码(RCPC)的串联实现包内 FEC;通过使用系统里德-索罗蒙码(RS)实现包间 FEC。在图 2.2 所示的系统当中,对基本层视频数据实现满保护,以满足基本视频质量的要求;增强层视频数据由于采用了比特平面编码,不同的比特平面重要性不同,因而,不同的比特平面采用不同保护力度的乘积码方案实施不同力度的保护,实现了不同比特平面的不平等差错保护(UEP)。这种不同比特平面采用不同力度的乘积码保护方案,称为多乘积码 FEC(multiple product FEC,MPFEC)。

MPFEC 是一个跨层的 FEC 机制,涉及视频数据的分包策略,具体细节将在第四章详细介绍。

2.2.3　率失真优化码率分配算法模块

率失真优化码率分配算法模块是根据全局的率失真理论(R-D theory)动态地为视频压缩数据和信道的 MPFEC 保护信息分配带宽,使得全局的效果最佳,其基本步骤如下:

(1)根据接收方收集信道状态信息模块反馈的网络状况选择一个最佳的码率分配点,使得端到端视频传输失真最小。

(2)调整源编码器使其码率输出达到所分配的带宽需要注意的问题是:

①如何在基本层和增强层之间分配码率,基本层码率受到网络可提供的带宽和终端用户的需求两个因素制约;

②如何在增强层不同比特平面之间分配可用带宽,这可结合比特平面编码特点进行分配;

③各帧增强层间码率分配也是值得关注的问题。对于 FGS 码流来说,帧间平均分配码率时,接收端解码的帧间视频质量不会有大的波动,但对 PFGS 码流来讲,如果帧间平均分配码率的话,接收端相邻帧间解码视频质量会有明显的波动。即使是 FGS 码流,帧间采用自适应码率分配算法[91],接收端解码的帧间视频质量平滑度也会有明显改善。

(3)选择合适的 MPFEC 方案加入信道保护信息,达到所分配的带宽。

2.2.4　收集信道状态信息模块

该模块的功能主要是实时采集信道的状态信息,并将获取的信道状态信息通过反馈信道发送到信源端率失真优化码率分配算法模块,确保发送端码率分配能够适应网络的变化。通常的信道状态信息是通过信道的一些参数来反映的,如可用的网络带宽和误比特率(BER)等。

根据采集方法的不同,有被动信息采集和主动信息采集方法,被动信息采集是根据存在的消息来推断信道的状态信息的一种方法,而主动信息采集是发送附加的消息来探测信道状态的方法。而根据采集信息的时间不同有按需采集和连续采集,还有根据信息采集位置分为集中式信息采集和分布式采集。我们使用的是被动采集方法。

关于信道解码模块主要是给收集信道状态信息模块提供信道解码时获得的一些信息,供其计算相关信道参数;而视频解码器除了解码视频数据以外,一个附加的功能是实现差错隐藏。当信道解码后的残留差错存在时,势必会影响解码视频质量,这时有效的差错隐藏技术能够改善视频图像的视觉质量。

2.3 信源端可伸缩性视频编码技术

第一章已介绍,面向传输的视频编码技术有分层可伸缩性视频编码(layered scalable coding)、精细的可伸缩性视频编码(fine granular scalable coding,FGS)和渐进精细的可伸缩性视频编码(progressive FGS)技术,本书介绍的即后两种可伸缩性编码技术。

2.3.1 分层可伸缩性编码

目前,诸如 MPEG-4、H. 263＋等现行国际视频压缩编码标准均采纳了分层可伸缩性编码思想。分层可伸缩性编码也分为三类[92]:时域可伸缩性编码(temporal scalability coding)、空域可伸缩性编码(spatial scalability coding)和质量可伸缩性编码(PSNR scalability coding)。

1. 时域可伸缩性编码

时域可伸缩性编码是通过在视频帧序列数据流中插入 B 帧数

据来实现的,如图 2.3 所示。B 帧是使用与它在时间上最临近的前后两帧 I 帧或 P 帧来预测的,而自己并不作为任何其他帧的参考图像,因此在传输中丢失 B 帧并不影响其他帧的质量,而仅仅降低帧率。

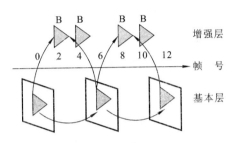

图 2.3　MPEG-4 中的时域可扩展性编码示意图

2. 空域可伸缩性编码

空域可伸缩性编码是通过为视频中的每一帧都创建多分辨率的表示来实现的。在编码时,首先通过下采样得到基本层的低分辨率视频图像,编码后得到基本层码流;然后编码原始视频和基本层视频的差生成增强层码流,如图 2.4 所示。

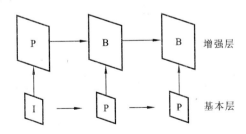

图 2.4　MPEG-4 中的空域可扩展性编码示意图

3. 质量可伸缩性编码

质量可伸缩性编码首先对原始视频进行一次粗量化形成基本层码流;然后对原始视频与基本层视频的差再进行一次量化,生成增强层码流,重复上面的过程可以得到多个增强层码流,如图 2.5 所示。

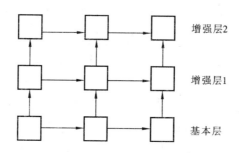

图 2.5　MPEG-4 中的质量可扩展性编码示意图

分层可伸缩性编码和 multicast 结合起来成为分层组播(layered multicast)。分层组播是将每一层的压缩视频流发送到一个multicast组中,用户根据自己的网络带宽状况接收基本层数据和多个增强层数据,然后解码获得不同质量的视频。分层组播与联播相比,网络带宽利用率要高许多。但是各个增强层的码率在编码完成时就固定下来了,而且间距较大,供用户选择的余地有限,因而带宽的利用率还有待进一步提高。

2.3.2　精细可伸缩性编码

为了便于在无线信道传输,视频一般采用可伸缩性编码。精细粒度的可伸缩性编码[90,93,94](fine granularity scalability,FGS)就属于第一种。可伸缩性编码把视频分为:基本层和增强层,其体系结构如图

2.6 所示。FGS 编码的基本层采用传统的视频编码技术,生成一个固定的低码率的码流,提供用户最低质量的解码视频。增强层则采用位平面编码技术(bit plane coding)来编码源图像和基本层的重构图像之间的差值[94-96]。由于位平面编码技术提供了精细可伸缩的特性,码流可任意地被截断,因此该码流可以根据可用的网络带宽进行任意码率的传输。接收端即终端用户根据接收到的增强层码流来增强基本层的视频质量,接收的增强层码流越多,终端用户享受的视频服务的质量就越高。因此,FGS 编码技术可以在一个很大的码率范围内调整数据传输,适应各种复杂的网络带宽变化。

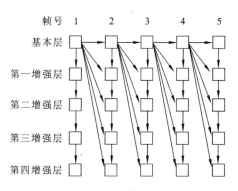

图 2.6　FGS 的体系结构图

一般的 FGS 只考虑了要编码系数的值,实际上 FGS 应用是非常灵活的。例如,可以对图像中比较感兴趣的前景部分优先编码,传输时给予更大的保护力度。具体做法是使用 FGS 中两个自适应量化工具:宏块选择性增强和 DCT 系数频率加权。宏块选择性增强是将图像中的某些块上移若干个平面,就实现了对图像中感兴趣部分的优先传输。还可以使用 DCT 系数频率加权对不同频率的 DCT 系数加以不同的权重,也就是对不同的 DCT 系数上移不同的位平面,从而满足人眼对不同频率成分的敏感程度。

FGS 还可以和时域可伸缩性编码相结合,得到时域——质量混合编码方案(FGST),如图 2.7 所示,即对 B 帧和部分 P 帧中的 DCT 系数也采用比特平面编码。这样 FGST 不仅保持了 FGS 的精细可扩展特性,而且支持帧率的变化,使得 FGST 码流更具灵活性。

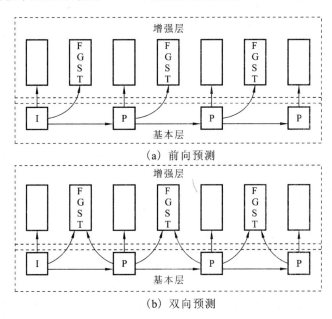

(a) 前向预测

(b) 双向预测

图 2.7　MPEG-4 FGS 标准支持的时域——质量可伸缩性结构

与 FGS 的优点相比,其弱点也是致命的,即效率太低。在同等码率下,FGS 的质量要比 MPEG-4 中的非伸缩性编码低 2～3 dB(3 dB 意味码率翻一番),这是人们难以接受的。

2.3.3 渐进精细可伸缩性编码

微软亚洲研究院的 Wu 等人综合权衡了质量可伸缩性编码的高效率和 FGS 的错误恢复能力,提出了一种被称为渐进精细可伸缩性编码方案[97,98]。该方案保持了 FGS 较好的错误恢复能力的同时,较 FGS 提高了编码效率近 1 dB。图 2.8 所示是 PFGS 的编码体系结构图。

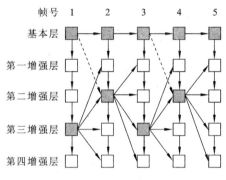

图 2.8　PFGS 的体系结构

图 2.8 中,灰色的方块表示对应帧的增强层或基本层作为下一帧解码的参考图像。只有基本层图像使用了前一帧重建的基本层图像进行运动补偿和预测,所有增强层都是用前一帧的某个增强层进行运动补偿和预测(实线箭头)。但是当网络带宽限制或传输错误,作为下一帧参考的增强层传不到接收端时,接收端解码就会造成差错传播,直到下一个 I 帧为止。为了解这问题,PFGS 在重构一些作为后面图像解码参考时,并不是总是用前一帧的增强层,有时也用前一帧的基本层(虚线箭头)。这样,由于重构的增强层的质量明显高于基本层的图像质量,所以运动补偿更有效,从而提高了 PFGS 的编码效率;同时也减

少了差错的传播。

Wu 所做的工作主要是基于帧的渐进精细伸缩性编码,Sun 等人在 Wu 工作的基础上,将基于帧的渐进精细伸缩性编码技术伸缩到宏块级,及增强层编码中运动补偿和重建时的参考信息是基于宏块的选择而不是基于帧的,并提出了 LPLR、HPHR、HPLR 三种 SNR 增强层宏块的帧间编码方式及其编码方式选择机制,减小了低比特率情况下的差错传播,同时也提高了编码效率[99,100]。随后 Sun 等人又将时域可伸缩性引入到基于宏块的渐进精细伸缩性编码技术中,实现了 PFGST 编码方案[100]。在时域可伸缩的增强层编码中,根据运动补偿中使用的参考宏块的不同,提出了时域可伸缩的增强层宏块编码的两种方式:LP 方式和 HP 方式。由于在时域可伸缩的增强层编码中使用高质量的参考宏块不会造成任何误差传播,因此通过选用最佳的参考宏块,PFGS 方法的编码效率得到了显著的提高。实验结果显示,同 MPEG-4 标准中的 FGST 编码方法相比,基于宏块的 PFGST 视频编码技术的编码效率提高了 2.8 dB,并且同样具有 FGST 的所有特性,即可以根据不同的通道、客户和服务器的需求来分别支持精细的 SNR 可伸缩特性、时域可伸缩特性和 SNR 时域混合可伸缩特性。

2003 年,Ding 等人对 PFGS 方案进行了改进[101]。在 PFGS 中,偶数帧的重构参考来自于先前帧的基本层,结果是编码效率低并且解码质量有波动。Ding 提出了 IPFGS 编码方案,在 IPFGS 中,为了提高编码效率,预测时,先前帧的基本层和增强层都用作偶数帧的参考,只是为了避免由于丢包而产生差错传播,引入了一个衰减因子 α 与增强层相乘,当衰减因子 α 为零时,IPFGS 变成 PFGS。IPFGS 与 PFGS 相比,平均峰值信噪比 PSNR 提高了 0.5 dB。

MPFG-4 标准支持 FGS,H.264 标准并不支持伸缩性编码。Yuwen 等人于 2002 年将 PFGS 引入到 H.26L,其试验结果显示其编码效率要高出 MPFG-4 的 FGS 大约 4 dB[102]。Wang 等人对 PFGS 编码的码率优化做了大量工作[103]。

　　总的来看,可伸缩性编码比非可伸缩性编码更适合网络的传输,特别是 FGS 和 PFGS 的灵活性,能够在一定的带宽范围内很好地适应网络带宽的变化。然而,FGS 较低的编码效率也是制约其投入实际使用的致命弱点;PFGS 较 FGS 在一定程度上提高了编码效率,但与非可伸缩性编码相比,编码效率上还有 1～2 dB 的差距,要提高其性能,还有待进一步研究。

3 FGS中比特平面编码的改进与增强层码率分配算法

　　精细粒度可扩展性的编码(fine granular scalable coding, FGS)方案的基本思想是将视频编码成一个可以单独解码的基本层码流和一个可以在任何地点截断的增强层码流,其基本层码流适应最低的网络带宽,而增强层码流用来覆盖网络带宽的动态范围,这样做的目的是为了使视频编码器输出的视频数据流能更好适应网络带宽的变化,并且解码质量随码率的增加而增加。当初,有三种技术方案被提出:第一种方案是 DCT 残差的比特平面编码(bit-plane coding of the DCT residue)[95];第二种方案是图像残差的小波编码(wavelet coding of image residue)[104-106];第三种方案是图像残差的匹配追击编码(matching pursuit of image residue)[107]。最终,综合权衡复杂性和编码效益两个方面的因素,Li 等人提出的第一种方案被 MPEG 组织采纳,并作为视频编码标准 MPEG-4 的可选项。然而,基于 DCT 残差的 FGS 增强层的运动补偿和预测编码总是使用基本层作为参考,使得残差值较大,占用的编码比特较多,编码效益下降。Li 等人的实验结果显示:在相同的码率条件下,FGS 的编码效率要比 MPEG-4 中非可扩张性编码低 2～3 dB(低码率编码效率好于高码率的情况)[95]。为了进一步提高可扩展性编码的编码效率,Wu 等人提出了渐进精细粒度可扩展性编码(progressive fine granular scalable coding, PFGS)方案。该方案由于部分使用了重构的先前帧增强层作为运动补偿和预测的参考,编码效率提高了大约 1 dB,但是与非扩展性编码相比还有 1~2 dB 的差距。本章介绍比特平面编码中 DCT 残差符号新的编码方案,该方案减少了用于 DCT 残差符号的编码比特数,一定程度上提高了编码效率[98]。

3.1 FGS 增强层的比特平面编码技术及
残差系数符号的编码

3.1.1 FGS 增强层的比特平面编码

FGS 的基本层编码与 MPEG-4 非可扩展性编码相同,都是由运动估计、运动补偿、DCT 变换、标量量化和变长编码组成。而增强层编码时,从原始的 DCT 系数中减去基本层或增强层逆量化后重建的 DCT 系数值得到的 DCT 残差块,如图 3.1 所示的矩阵;再对 8×8 的残差块 Z 扫描后进行位平面编码。

$$\begin{bmatrix} 11 & -5 & 3 & -1 & 0 & 0 & 0 & 0 \\ 6 & -4 & 2 & 0 & 0 & 0 & 0 & 0 \\ -2 & -2 & 1 & 0 & 0 & 0 & 0 & 0 \\ 1 & 2 & 0 & 0 & 0 & 0 & 0 & 0 \\ -1 & 0 & 0 & 0 & 0 & 0 & 0 & 0 \\ 0 & 0 & 0 & 0 & 0 & 0 & 0 & 0 \\ 0 & 0 & 0 & 0 & 0 & 0 & 0 & 0 \\ 0 & 0 & 0 & 0 & 0 & 0 & 0 & 0 \end{bmatrix}$$

图 3.1 DCT 残差系数矩阵

例如,下面是对 8×8 块 Z 扫描后得到的 DCT 残差序列:

11,5,6,2,4,3,1,2,2,1,1,2,1,0,…,0,0　（残差绝对值）

0,1,0,1,1,0,1,0,1,0,1,0,0,x,…,x,x

（残差符号序列，x、1、0分别表示残差为零、正、负的情况）
再将DCT残差值写成二进制值如下排列：

1,0,0,0,0,0,0,0,0,0,0,0,0,0,0,0,0,0,…,0,0　　(MSB).

0,1,1,0,1,0,0,0,0,0,0,0,0,0,0,0,0,0,…,0,0　　(MSB-1)

1,0,1,1,0,1,0,1,1,0,0,1,0,0,0,0,…,0,0　　(MSB-2)

1,1,0,0,0,1,1,0,0,1,1,0,1,0,0,0,…,0,0　　(LSB)

每一列是一个DCT残差的二进制值,最上面的行是DCT残差的二进制值的最高有效位(MSB),最下面的行是最低有效位(LSB)。位平面的个数由最大DCT残差值决定,MPEG-4标准中规定6个位平面。

然后,通过行程编码得到中间符号(RUN,EOP),相关文献中介绍了2D和3D两种编码方案[7]。这里采用2D编码如下：

(0,1)　　　　　　　　　　　　　　　　　　　　(MSB)

(1,0),(0,0),(1,1)　　　　　　　　　　　　　　　(MSB-1)

(0,0),(1,0),(0,0),(1,0),(1,0),(0,0),(2,1)　　　　(MSB-2)

(0,0),(0,0),(3,0),(0,0),(2,0),(0,0),(1,0),(0,0),(0,1)

　　　　　　　　　　　　　　　　　　　　　　(LSB)

RUN是"1"前面"0"的个数,EOP是位平面的结束标志。

最后,对(RUN,EOP)序列进行编码。对(RUN,EOP)序列编码有两种方案：

第一种方案　VLC编码,对应的DCT残差的符号跟在最高有效位(MSB)的变长码字之后。如：

VLC(0,1),0　　　　　　　　　　　　　　　　　(MSB)

VLC(1,0),1,VLC(0,0),0,VLC(1,1),1　　　　　　　(MSB-1)

VLC(0,0),VLC(1,0),VLC(0,0),1,VLC(1,0),0,VLC(1,0),0,
　　VLC(0,0),1,VLC(2,1),0　　　　　　　　　　(MSB-2)

VLC(0,0),VLC(0,0),VLC(3,1),VLC(0,0),1,VLC(2,0),0,

$$VLC(0,0),1,VLC(1,1),0 \qquad\qquad (LSB)$$

第二种方案　直接对（RUN，EOP）序列进行二进制编码，如表 3.1 所示。

表 3.1　（RUN，EOP）序列的二进制编码

位平面	变长编码	二进制编码
0	(0,1)	40
1	(1,0),(0,0),(1,1)	01,00,41
2	(0,0),(1,0),(0,0),(1,0),(1,0),(0,0),(2,1)	00,01,00,01,00,42
3	(0,0),(0,0),(3,0),(0,0),(2,0),(0,0),(1,0),(0,0),(0,1)	00,00,03,00,02,00,01,00,40

FGS 由于使用了位平面编码技术，与非扩展性编码相比就有了如下新的特点：

（1）增强层使用位平面编码技术对 DCT 残差进行编码来覆盖网络带宽的变化范围。

（2）每一帧的增强层码流可以在任何地点截断。

（3）解码器重建的视频质量和收到的比特数成正比，而基本层使用基于分块运动补偿和 DCT 变换的编码方式达到网络传输的最低要求。

（4）由于增强层编码中 DCT 残差块的获得，部分地使用了增强层做参考，所以编码效益要高于 FGS。

3.1.2　FGS 比特平面编码中 DCT 残差的符号所占比特数的统计实验

由上述比特平面编码过程可以看出，8×8 残差块中有多少个不为零的值，就需插入多少个符号比特。不为零的值越多，需要插入的符号

比特也越多。我们使用 TML9.0 对视频序列进行广泛的测试。编码序列是 IPPP……序列,帧率为 30 帧/秒,P 帧预测参考帧为一帧,1/4 像素精度运动补偿方案,I 帧量化步长 QP＝24,P 帧量化步长 QP＝20。下面给出了几个典型序列前 90 帧的 DCT 残差比特平面编码中插入的符号比特数的实验结果。图 3.2、图 3.3、图 3.4 所示分别是 Carphone、Foreman 与 Akiyo 三序列 qcif 格式视频增强层编码比特数

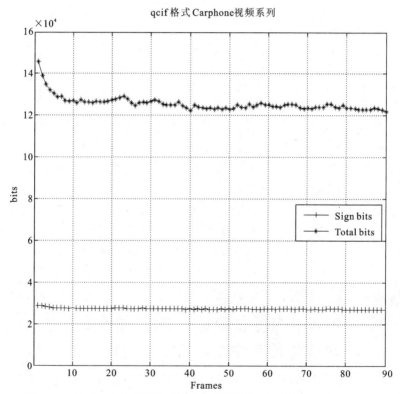

图 3.2　Carphone 序列增强层编码比特数与插入的符号比特数的比较

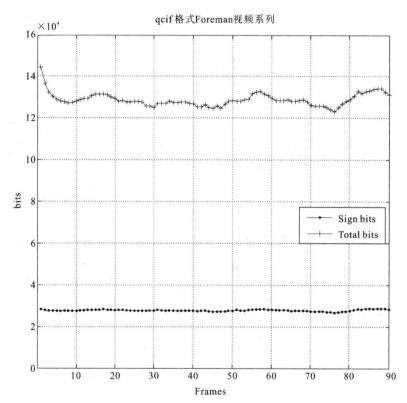

图 3.3　Foreman 序列增强层编码比特数与插入的符号比特数的比较

与插入的符号比特数的比较。图中 Sign bits 为残差值符号编码所需比特数，Total bits 为整个增强曾编码比特数。

从图 3.2、图 3.3 中可以看出，Carphone、Foreman 两个序列增强层比特平面编码中插入的符号比特大约占增强层总编码比特数的1/5；从图 3.4 中可以看出，Akiyo 序列这个比值大约是 1/4。可见符号比特数占了整个增强层编码比特数相当的比重，若能够使用有效的符

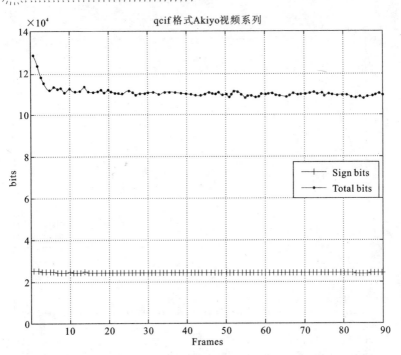

图 3.4　Akiyo 序列增强层编码比特数与插入的符号比特数的比较

号编码方法,除去符号比特或者减少符号比特将会提高增强层的编码效率。

3.2　新的比特平面编码方案及其实验结果

3.2.1　新的比特平面编码方案

　　我们提出了一个新的比特平面编码方案,其基本思想是:将原8×8的 DCT 残差系数矩阵分为正系数矩阵和负系数矩阵。如图 3.5所示的矩阵,正系数矩阵中原负系数位置的值全部置零;同理,负系数矩阵中原正系数位置的值也全部置零。然后,分别对正系数矩阵和负系数矩阵进行 Z 扫描,得到扫描后的正系数序列和负系数序列,再对其进行比特平面的编码。在正系数比特平面码流之间插入一个比特标志,标志"0"表示正系数比特流后面没有负系数比特流;"1"表示正系数比特流后面还有负系数比特流。该标志位既是正、负系数比特流的分隔标志,也是判断正系数比特流后有无负系数移位相加后得到正系数和负系数序列,再进行逆 Z 扫描得到正系数矩阵和负系数矩阵,正系数矩阵与负系数矩阵对应元素做减法运算得到了原 DCT 残差系数矩阵的重构矩阵。

$$
\begin{bmatrix}
11 & -5 & 3 & -1 & 0 & 0 & 0 & 0 \\
6 & -4 & 2 & 0 & 0 & 0 & 0 & 0 \\
-2 & -2 & 1 & 0 & 0 & 0 & 0 & 0 \\
1 & 2 & 0 & 0 & 0 & 0 & 0 & 0 \\
-1 & 0 & 0 & 0 & 0 & 0 & 0 & 0 \\
0 & 0 & 0 & 0 & 0 & 0 & 0 & 0 \\
0 & 0 & 0 & 0 & 0 & 0 & 0 & 0 \\
0 & 0 & 0 & 0 & 0 & 0 & 0 & 0
\end{bmatrix}
\Leftrightarrow
\begin{bmatrix}
11 & 0 & 3 & 0 & 0 & 0 & 0 & 0 \\
6 & 0 & 2 & 0 & 0 & 0 & 0 & 0 \\
0 & 0 & 1 & 0 & 0 & 0 & 0 & 0 \\
1 & 2 & 0 & 0 & 0 & 0 & 0 & 0 \\
0 & 0 & 0 & 0 & 0 & 0 & 0 & 0 \\
0 & 0 & 0 & 0 & 0 & 0 & 0 & 0 \\
0 & 0 & 0 & 0 & 0 & 0 & 0 & 0 \\
0 & 0 & 0 & 0 & 0 & 0 & 0 & 0
\end{bmatrix}
-
\begin{bmatrix}
0 & 5 & 0 & 0 & 0 & 0 & 0 & 0 \\
0 & 4 & 0 & 0 & 0 & 0 & 0 & 0 \\
2 & 2 & 0 & 0 & 0 & 0 & 0 & 0 \\
0 & 0 & 0 & 0 & 0 & 0 & 0 & 0 \\
1 & 0 & 0 & 0 & 0 & 0 & 0 & 0 \\
0 & 0 & 0 & 0 & 0 & 0 & 0 & 0 \\
0 & 0 & 0 & 0 & 0 & 0 & 0 & 0 \\
0 & 0 & 0 & 0 & 0 & 0 & 0 & 0
\end{bmatrix}
$$

图 3.5 原 DCT 残差系数矩阵分成正、负两个系数矩阵

下面是两个系数矩阵 Z 扫描之后的序列:

11,0,6,0,0,3,0,2,0,1,0,2,1,0,…,0,0　　　　　　　(正系数)

0,5,0,2,4,0,1,0,2,0,1,0,0,0,0,…,0,0　　　　　　　(负系数)

得到如下二进制排列:

1,0,0,0,0,0,0,0,0,0,0,0,0,0,0,0,0,…,0,0　　　标志 0

0,0,0,0,0,0,0,0,0,0,0,0,0,0,0,…,0,0

(MSB)

$$0,0,1,0,0,0,0,0,0,0,0,0,0,0,0,0,0,\cdots,0,0 \quad \boxed{标志1}$$

$$0,1,0,0,1,0,0,0,0,0,0,0,0,0,\cdots,0,0$$

（MSB-1）

$$1,0,1,0,0,1,0,1,0,0,0,1,0,0,0,0,\cdots,0,0 \quad \boxed{标志1}$$

$$0,0,0,1,0,0,0,0,1,0,0,0,0,\cdots,0,0$$

（MSB-2）

$$1,0,0,0,0,1,0,0,0,1,0,0,1,0,0,0,\cdots,0,0 \quad \boxed{标志1}$$

$$0,1,0,0,0,0,1,0,0,0,0,0,1,\cdots,0,0$$

（LSB）

再得到（RUN，EOP）中间符号，并进行比特平面的变长编码，其顺序如下：

VLC(0,1)　0　All zero

（MSB）

VLC(1,1)　1　VLC(1,0),VLC(2,1)

（MSB-1）

VLC(0,0),VLC(1,0),VLC(2,0),VLC(1,0),VLC(3,1) 1
VLC(3,1),VLC(4,1)

（MSB-2）

VLC(0,0),VLC(4,0),VLC(3,0),VLC(2,1) 1 VLC(1,0),
VLC(4,0),VLC(5,1)

（LSB）

3.2.2　新的比特平面编码方案的试验结果

可以看出，原来的 13 个符号比特，现在只需 4 个标志位就可以解决问题。在上面的试验中，我们测得 Foreman、Carphone 和 Akiyo 三个序列前 90 帧平均每个 8×8 块插入的符号比特数分别是 47、45 和 42。按 MPEG-4 视频编码标准中规定的 6 个比特平面计算,最多需要 6 个标志位比特,则三个序列每个 8×8 块可以少用 41、39 和 36 个比特,而一个 qcif 格式的视频帧有 594 个 8×8 的块,因此上述三个视频序列平均每帧增强层编码可以少用符号位的比特数分别为 24 948、23 166 和 21 384 个比特。对(RUN,EOP)的编码如果采用直接的二进制编码,由于(RUN,EOP)新旧方案前后的符号数没有发生变化,所以二进制编码的比特数一样,新方案总的比特数在原方案比特数的基础上减去新方案中节约的符号比特数。

但对(RUN,EOP)进行 VLC 编码时,新方案中,由于一个 8×8 的块分成了两个 8×8 的块,DCT 残差系数的概率分布发生了变化,如果继续使用原有的 VLC 码表进行编码,比特数不仅没有减少,反而增加。因此,必须对原有的 VLC 码表进行修改才能使用。原来一共有 4 个 VLC 码表:MSB 平面用 VLC-0 表,MSB-1 平面用 VLC-1 表,MSB-2 平面用 VLC-2 表,其他平面用 VLC-3 表。我们对 4 个 VLC 进行了修改,并且 MSB-2 与 MSB-3 平面用 VLC-2 表,MSB-4 及以后的平面用 VLC-3 表。图 3.6、图 3.7、图 3.8 所示为新的方案与原有方案编码比特数的比较。图中,Ori bits 为采用 PFGS 原比特平面编码方案时,增强层所需比特数;New bits 为新方案所需比特数。

为了进一步说明问题,将改进了比特平面编码方案的 FGS、PFGS 与原比特平面编码方案的 FGS、PFGS 就编码效率进行了对比实验。实验采用了 H.26L FGS 参考软件,视频序列为 Foreman,编码帧率 10 帧/秒,基本层 QP 固定为 25,基本层比特率大约 32 kbit/s。实验结果如图 3.9 所示。从图中可以看出,无论是改进的 FGS 还是 PFGS,与原 FGS、PFGS 相比,除了比特率低于 40 kbit/s 的情况以外,

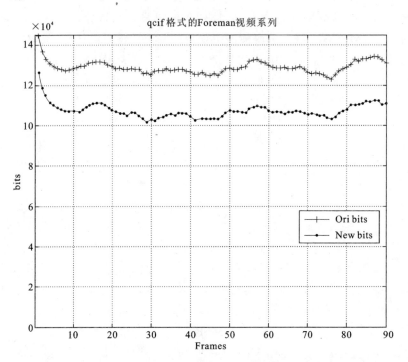

图 3.6　Foreman 新编码方案与原编码方案的增强层比特数的比较

编码效率均有 0.3～0.4 dB 的改善。

3.3　FGS 增强层码率分配算法

　　FGS 增强层的比特流可以根据需要在任意比特位置截短,并且解码的视频质量与用于解码的比特数成正比[95]。事实上,FGS 分级编码使得视频流服务可以将编码过程和传输过程分开,也就是说,FGS 的编码视频流是事先生成并存储在视频流传输服务器中的,而 FGS 码流

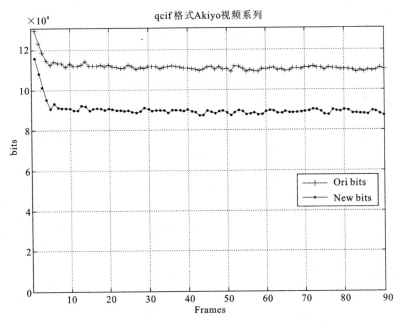

图 3.7 Akiyo 新编码方案与原编码方案的增强层比特数的比较

的码率分配则是流服务器在传输前根据用户请求和网络带宽实时进行的。即使是实时视频传输,也可以将视频编码和传输控制分开来处理。MPEG-4 streaming profile FGS reference software[108]采用了在各帧FGS 增强层之间平均分配比特率的方法来调整传输的比特流,使其与当前的网络带宽相适应。由于这种方法没有考虑各帧图像的率失真特性,使得接收端解码的视频质量存在很大波动。一种基于视频序列R-D 特性的 FGS 增强层的优化码率分配算法被提出[91],目标是减少接收端解码视频质量的波动,同时保持视频质量总体最优。码率分配算法的前提工作是获得增强层的率失真函数,即增强层的传输比特数与解码失真度之间的函数关系。获得 R-D 特性数据是最复杂的一部分

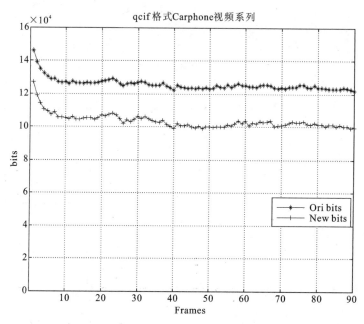

图 3.8 Carphone新编码方案与原编码方案的增强层比特数的比较

工作,在相关文献中,一种线性内插模型来获得图像的 R-D 特性数据,从而大大减少了计算量[91,109]。下面将分别从失真量度、率失真理论及在信源编码中的应用、FGS 增强层码率分配问题的最优化形式及其简化、R-D 模型的建立、码率分配的实现几个方面讨论基于视频 R-D 特性的 FGS 增强层码率分配算法。

3.3.1 视频通信中的失真度

为了能够帮助我们更清楚认识信源信道联合编码的重要性,这里首先了解比图 2.2 更具一般意义上的多媒体无线传输模型基本框架,

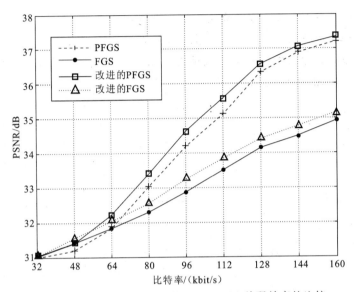

图 3.9 FGS、PFGS 与改进的 FGS、PFGS 编码效率的比较

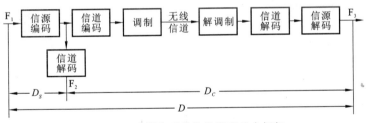

图 3.10 多媒体无线传输模型基本框架

如图 3.10 所示。

从图中,可以看出整个失真由两部分组成:

(1) 由信源编码器带入的信源编码失真。在图中表示为 D_s,是多媒体原始数据编解码数据之间的失真。

（2）由无线信道误码衰落所引起的传输失真。即图中的 D_c，它是多媒体数据在发送端的重构数据与编码数据经无线信道传输再解码后的恢复数据之间的失真。它表征了数据传输前后的客观差异，反应了信道对传输系统的影响程度。

同时，对于发送端原始数据和接收端最终展现数据的失真由图中 D 所表征。通常表示视频质量的参数主要是峰值信噪比（PSNR），其定义为：

$$PSNR = 10 \cdot \lg \left[\frac{255^2}{\frac{1}{X \cdot Y} \sum_{x=1}^{X} \sum_{y=1}^{Y} (f(x,y) - g(x,y))^2} \right] \quad (3.1)$$

而图像均方误差（MSE）的定义为：

$$D = MSE = \frac{1}{X \cdot Y} \sum_{x=1}^{X} \sum_{y=1}^{Y} (f(x,y) - g(x,y))^2 \quad (3.2)$$

因此，可以将 PSNR 的定义改写为：

$$PSNR = 10 \cdot \lg \frac{255^2}{MSE} = 10 \cdot \lg \frac{255^2}{D} \quad (3.3)$$

从而定义一般失真 D 为：

$$D = 255^2 \cdot 10^{\frac{-PSNR}{10}} \quad (3.4)$$

根据公式（3.4），可以计算上述模型中信源失真度 D_S 和信道失真度 D_c 及模型总体失真度 D。

假定 $f(n,i)$ 为当前帧 n 像素点 i 上的原始值，编码端重建此值为 $\hat{f}(n,i)$，经过信道传输后在解码端的重建值为 $\tilde{f}(n,i)$。假设宏块的编码失真和信道误码失真统计独立，并采用均方差 MSE（平均到像素级）作为失真衡量标准，则编码宏块的总失真期望函数为：

$$D(n) = E\{[f(n,i) - \tilde{f}(n,i)]^2\} = D_S(n) + D_C(n) \quad (3.5)$$

其中，

$$D_S(n) = E\{[f(n,i) - \hat{f}(n,i)]^2\}$$

为信源编码失真;

$$D_C(n) = E\{[\hat{f}(n,i) - \widetilde{f}(n,i)]^2\}$$

为信道误码失真。

编码端计算 $D_S(n)$ 比较容易,因为 $f(n,i)$ 和 $\hat{f}(n,i)$ 在编码端均是已知的;编码端计算 $D_C(n)$ 的值就很困难,这是因为 $\widetilde{f}(n,i)$ 的值对编码端来说是未知的,所以,计算 $D_C(n)$ 通常根据具体的信源编码方案、信道差错和丢包情况进行估算。

3.3.2 率失真理论

在实际应用的通信系统中,一定程度的多媒体数据失真并不一定能够被人类地视觉或听觉系统察觉,通常总是要求在保证一定质量的条件下近似的再现原来的信息,也就是允许一定失真的存在。这样在允许一定失真 D 的条件下,最少需要多少比特数才能描述信源信息,成为一个亟待解答的问题。对于这个问题,Shannon[110] 做了大量的研究工作,提出了信息率失真理论。同时 Shannon 定义了信息率失真函数 $R(D)$,并论述了关于 $R(D)$ 函数的基本定理。该定理指出:在允许一定失真度 D 的情况下,信源输出的信息传输率可以压缩到 $R(D)$ 值,这就从理论上给出了信息传输率 R 与允许失真 D 之间的关系,从而奠定了信息率失真理论的基础。信息率失真理论是量化、数模转换、数据压缩的理论基础,已经被广泛地应用于音、视频的编码压缩技术中。

一般来说,接收端获得的平均信息量可以用下式表示:

$$I(X;Y) = \sum_{XY} P(x)P(y \mid x)\log\frac{P(y \mid x)}{P(y)} \tag{3.6}$$

其中, $I(X;Y)$ 表示 XY 联合集上的平均互信息量, X 为输入信号集合, Y 为输出信号集合。

设 P_D 是所有满足保真度准则的实验信道集合,因而可以在 P_D 中寻找某一个信道 $P(y_i \mid x_j)$,使 $I(X;Y)$ 取极小值。这个极小值就是在保真度准则($D' \leqslant D$)下,信源必须传输的最小平均信息量,即:

$$R(D) = \min_{\{P(y_j|x_i)\} \in P_D} I(X;Y) = \min_{\delta < D} I(X;Y) \qquad (3.7)$$

这就是信息率失真函数或简称率失真函数。理论上可以证明 $R(D)$ 函数是一个连续的单调非增下凸函数。$R(D)$ 函数是在最大允许失真为 D 的条件下,信源的最小信息速率,所以通信系统编码传输的目的就是使得实际的 $R\text{-}D$ 性能尽可能地接近理论上的最佳值 $R(D)$。由于在实际应用中通常用 PSNR 值来表征视频编码质量,因此一般采用图 3.11 所示的 $R\text{-}PSNR$ 图来表示 $R\text{-}D$ 性能。图中越靠近左上方的曲线表示其编码性能越好。

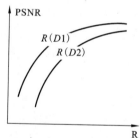

图 3.11 率失真曲线示意 $R\text{-}PSNR$ 曲线

需要注意的是,从 Shannon 经典的率失真理论开始,到当前常用的率失真优化、信道广义率失真模型等,都是在研究编码速率和失真度的关系。一个前提条件是不关心系统的复杂性,即可以通过一些极为复杂的运算,进一步向 Shannon 极限靠近。例如,H. 264/MPEG4 AVC 编码器,其编码性能比 H. 263 平均提高 40% 左右,但是其编码复杂度是 H. 263 的数十倍。这样的编码复杂度是难以在当前移动式设备或运算能力较低的处理器上实现的。因此在考虑编码系统率失真模型的同时,还需要考虑编码延时(或称反应时间 Latency)与失真的关系,建立 $L(D)$ 函数。联合考虑 $R(D)$、$L(D)$,建立 $D(R,L)$ 模型,从而从信息量 (R)、编码复杂度 (L)、编码质量 (D) 等三个方面来衡量编码器的性能。

3.3.3　率失真理论在信源编码中的应用

对于信源编码,主要应用信源编码率失真模型作为其理论基础,来达到"在给定目标码率的前提下,使得编码失真度最小"的目标。Shannon 理论的 $R\text{-}D$ 值是实际编码系统的极限值,为了达到最优的编码性能,需要对编码器进行相应的率失真优化。其基本流程为:根据当前信道状态,通过率失真函数的预测,调整信源编码器的编码参数,有效地控制输出码率和恢复图像质量;从而在有限的带宽条件下,得到最佳的恢复图像质量[111]。

由上面率失真优化过程可以得到,在已知当前信道状态的前提下,要实现有效的率失真优化,必须预先确定:

(1) 可控的编码参数。

(2) 由这些编码参数所确定的率失真模型。

对于当前基于块变换的视频编码器,可控的编码参数主要有:

(1) 量化系数 QP。

(2) GOP 内帧结构。

(3) 变换块尺寸。

(4) Intra 宏块刷新率(Intra/Inter 的比值)。

(5) FGS、PFGS 等编码伸缩性参数。

在这些可控参数中,量化系数 QP 对结果的影响最大,MPEG-4、H.263 编码器都是基于 QP 实现的码率控制模块。当前,对可变帧结构的率失真优化研究也很多[112,113],尤其在误码和拥塞较为严重的恶劣信道状态下,变换块尺寸的控制在 H.264 中形成了自适应确定变换块大小的 ABT 算法。对于由编码参数确定的率失真模型,很多文献先后提出了一些建立率失真模型的方法,如有的文献提出了一种参数化的率失真模型,应用于 MPEG 视频编码的帧级码率控制[114,115];有文献提出了一种归一化参数的率失真模型,用于 H.263 视频编码的码率控制[116];有文献提出了帧内宏块编码刷新率变化的信源编码率失真模型[58];在最新的 H.264/MPEG-4 AVC 编码模型中也有了比较前面的率失真模型算法,只是计算的复杂度和耗时比先前的标准 H.263 高 10 倍。

在视频编码中,编码器的输出码率和图像失真都与量化系数 QP 有关。为了便于分析,一般采用量化 — 码率函数 $R(QP)$ 描述输出码率与量化参数的关系[117];同样,采用量化 — 失真函数 $D(QP)$ 描述图像失真与量化参数之间的关系,如图 3.12 所示。通过对这两个函数的分析,进行视频编码的率失真优化,从而有效地实现码率控制、比特分配优化等算法。

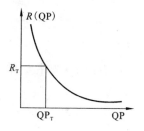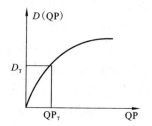

(a) 量化—码率函数QP-R (b) 量化—失真函数QP-D

图 3.12   基于量化参数的码率曲线 $R(QP)$ 和失真曲线 $D(QP)$

建立率失真模型的目的在于实现有效的速率控制、码率分配、速率整形等算法。由于要提出一种全面考虑不同编码器的率失真模型相当困难,因此目前一般都是根据具体的编码器特性,采用经验方法建立率失真模型,实现码率控制。如 MPEG-2 TM5、H.263 TMN-8、MPEG-4 VM8 都分别采用了不同的率失真模型实现了码率控制算法。率失真理论在信源编码中应用的一般模式如图 3.13 所示。

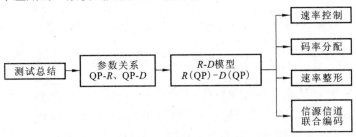

图 3.13 率失真理论在信源编码中的应用示例

3.3.4 FGS 增强层码率分配问题的 最优化形式及其简化

这里讨论的码率分配算法[91]，目标是在限定的信道速率条件下，使得接收的 FGS 视频质量最优，就是说，不仅要使传输后视频的总体失真最小，同时要使视频序列的质量波动最小。假设 N 是视频序列的总帧数，R_{budget} 是视频传输时间内增强层可用的信道带宽，D_i 是第 i 帧重建图像的失真（文中采用 Y 分量的失真），R_i 是分配给第 i 帧增强层的码率，则上述的码率分配问题可以归结为下面的最优化形式：

$$\min \sum_{i=1}^{N} D_i \text{ and } \min \sum_{i=2}^{N} \mid D_{i+1} - D_i \mid,$$

$$\text{subject to } \sum_{i=1}^{N} R_i(D_i) \leqslant N R_{budget} \tag{3.8}$$

由于网络带宽是随时变化的，因此视频流传输服务器只需在网络带宽近似恒定的一段时间内求出码率分配的最优解。就是说，在码率分配过程中，把若干帧作为一个基本单位，把可用的码率按一定的算法分配给单位时间内的各帧增强层。

下面将问题(3.8)的两个最优目标分成如下两个最优化问题讨论。

$$\min \sum_{i=1}^{N} D_i, \text{ subject to } \sum_{i=1}^{N} R_i(D_i) = NR_{\text{budget}} \qquad (3.9)$$

$$\min \sum_{i=2}^{N} |D_{i+1} - D_i|, \text{ subject to } \sum_{i=1}^{N} R_i(D_i) \leqslant NR_{\text{budget}} \qquad (3.10)$$

鉴于 R-D 函数的递减特性,求解式(3.9)时,可以把约束条件改成等式。FGS 的比特平面编码技术是对残差的 DCT 系数编码,当量化步长较小时,DCT 残差信号的率失真函数有如下形式[112]:

$$D(R) = \sigma^2 e^{-aR} \qquad (3.11)$$

这里,取 $D(R)$ 为整帧图像的失真度量;R 是 FGS 增强层编码的比特数;σ^2 是增强层码率为零时重构图像与原图像的均方误差的几何平均值;α 是常数,取决于图像残差信号的分布函数和编码时使用的量化器特性。式(3.9)的最优解如下:

$$R_i = R_{\text{budget}} + \frac{1}{\alpha} \ln \frac{\sigma_i^2}{\left(\prod_{j=1}^{N} \sigma_j^2\right)^{\frac{1}{N}}} \qquad (3.12)$$

把式(3.12)代入式(3.11),得到

$$D_1(R_1) = D_2(R_2) = \cdots = D_N(R_N)$$

可见,使得视频总体质量最优的解式(3.12)且同时使得 $D_i(R_i)$ 是一个常量,而这种情况则对应式(3.10)的一个最优解,对于式(3.10)来说,它的最优解就是集合

$$D_1(R_1) = D_2(R_2) = \cdots = D_N(R_N)$$

由上述可见,使视频总体质量最优的解能够同时保证视频质量恒定。

按照同样的步骤可以证明,对于实际 R-D 特性具有指数特征的视

频序列,上述的结论总是成立的。这个结论为上述最优化问题(3.8)提供了简化的求解方法。最优化问题(3.8)的两个并行最优化目标——式(3.9)、式(3.10)的求解就可以简化为:寻求序列中各帧的同一个最优失真值 D(这时视频质量波动为零,即得到恒定质量,就是先满足问题 3.10 的最优化目标),在满足信道速率的条件下,使得这个失真值最小(即在问题 3.10 的解中寻求问题 3.9 的最优解)。最优化问题(3.8)的简化形式如下:

$$\min D,\ \text{subject to}\ \sum_{i=1}^{N} R_i(D) \leqslant NR_{\text{budget}} \tag{3.13}$$

由于实际视频序列 $R_i(D)$ 曲线的单调递减性质,码率分配问题可以进一步简化为求解式(3.14)趋于零时的最优解 D 和与其对应的各个 $R_i(D)$ [$R_i(D)$ 对应各帧的最优码率分配]:

$$f(D) = \sum_{i=1}^{N} R_i(D) - NR_{\text{budget}} \tag{3.14}$$

由于各帧的 $R_i(D)$ 是单调递减的,所以 $f(D)$ 也是一个单调递减函数。因此,求解式(3.14)趋于零时的最优解是一个简单的逼近问题。

3.3.5 R-D 模型的建立

讨论的码率分配方案是基于 FGS 增强层各帧图像的 R-D 特性曲线。从式(3.14)码率分配问题的简化形式可以看出,前提工作是计算视频序列各帧的 R-D 特性 $R_i(D)$。详尽地描述图像的 R-D 特性计算量太大,无法适用实际的视频流传输服务器,而且,在低码率情况下,通常使用的指数模型不适合 FGS 增强层数据。这里,从拟合的精确度和计算的简单性方面考虑,结合相关文献[109]中的线性内插的 R-D 特性模型,建立了一个编码器内嵌的 R-D 特性获取单元,该获取单元的采样点是受约束的,只能在比特平面交界点处采样,这是与相关文献[109]显著不同的,其理由下段将有讨论。实际视频序列的测试结果证实了这种近似模型的有效性。

建立线性内插 R-D 模型的思路是:考虑到在 FGS 增强层比特平面编码技术中,位于同一比特平面的比特对于失真有相同的影响,因为同一比特平面相当于同一量化阶,而失真基本是由量化步长决定的。因此在 FGS 编码方案中,可以合理地假设同一比特平面内的率失真关系是线性的。在建立图像序列的线性内插拟合 R-D 特性时,选取各比特平面的交界点作为 R、D 数据的采样点。在我们的系统中,一个如图 3.14 所示的 R-D 特性抽取单元嵌入 FGS 编码器以实时获取 R-D 信息。

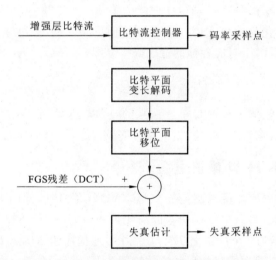

图 3.14　DCT 域 FGS 增强层比特流 R-D 获取单元

考虑被采样的集合点中,两个相邻采样点 $D_S(R_m)$ 和 $D_S(R_n)$ 是连续的 3 个比特平面的交界点,并且 $R_m < R_n$,$\Delta R = R_n - R_m$ 是两个不同信源码率的差值,分段线性插补模型由下式给出:

$$D_S(R_S) = D_S(R_m) - \frac{D_S(R_m) - D_S(R_n)}{\Delta R}(R_S - R_m) \qquad (3.15)$$

这里，$D_S(R_S)$ 是当信源码率为 R_S 时的失真估计值，而且 $R_m \leqslant R_S \leqslant R_n$，$R_i$ 是分配给某一帧增强层的码率。R、D 采样数据则可以作为 FGS 增强层编码阶段的副产品产生。因为 FGS 的编码过程与传输过程是分开的，所以计算 R 和 D 的过程除了增加一点编码器的计算量外，不会对 FGS 视频流的实时传输产生任何影响。

图 3.15、图 3.16 所示分别是 Foreman 序列 I 帧、P4 帧增强层的线性内插 R-D 曲线与实际测得值的比较，从图中可以看出，选择比特平面交界点作为内插拟合的样本点是合理的(图中曲线的拐点为比特平面交界点)，线性内插 R-D 曲线与实测值吻合得很好。

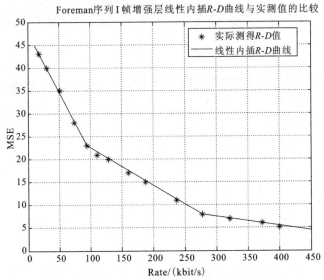

图 3.15 采用式(3.8)获得的 Foreman 序列 I 帧
R-D 曲线与实测值的比较

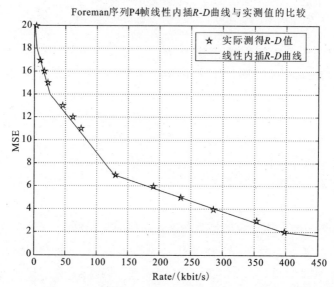

图 3.16　采用式(3.8)获得的 Foreman 序列 P4 帧 R-D 曲线与实测值的比较

利用式（3.15）的结果求出式（3.14）的最优解 D。这时按式（3.15），关系与 D 对应的就是使视频质量波动最小同时也是使总体视频质量最优的码率分配方案。

3.3.6　码率分配

FGS 增强层的码率分配是基于 3.3.5 节 $R-D$ 模型进行的，其过程是在传输阶段由视频服务器执行的。在这个算法中，R、D 采样点数据作为编码过程的副产品只需较少的计算量就可以得到，而最优化码率分配问题的简化形式(3.14)、式(3.15)使得码率分配算法的计算量大大减少，保证了视频服务器能够在传输时对视频序列的增强层进行实时的码率分配。

4 FGS增强层视频传输的 多乘积码方案与传输失真分析

不可靠信道上传输多媒体数据时,通常提供差错控制的方法有:差错恢复信源编码、信道编码、自适应发送和差错隐藏。信道编码最典型的差错控制形式是前向纠错(FEC)和自动重传请求(ARQ)。在实时多媒体应用中,由于有严格的时延限制,多以 FEC 实现差错控制;而在非实时多媒体应用中,对时延要求相对宽松一些,FEC 和 ARQ 可以同时用于差错控制。有文献提出了一个 FEC 和 ARQ 的混合方案,用于 3G 无线网络的可伸缩性视频传输[87]。我们的工作中,FEC 是首选的用于恢复丢包和比特纠错的信道编码技术。

实际运用什么样类型的 FEC,依赖于通信系统和信道特点的要求。基于包交换的无线 IP 网络通常由两部分链路组成:有线链路和无线链路。因而与之对应的存在两种不同类型的丢包:由于有线信道拥塞导致的丢包和无线信道衰落的突发错误导致的丢包[118]。无线 WAN 接入 Internet 就是这种混合包交换网络的典型例子。对抗两种类型丢包的一种较为有效的方法是在传输层和链路层均使用 FEC,一方面,在链路层给每个数据包加入冗余比特实现包内保护,以对抗无线链路的突发比特差错[119];另一方面,在传输层给信源数据包加上校验包以实现包间保护,来对抗有线链路的丢包和链路层信道解码后残留差错导致的丢包。如果联合上述两种技术——包内和包间 FEC,则产生一种称之为乘积码 FEC(PFEC)的技术。在相关文献中,提出了一个用于时变信道传输渐进图像的 PFEC 方案[71];而有文献提出了一个用于包交换无线网络视频传输的 PFEC 方案[120]。上述方案的主要思想是:通过使用循环冗余校验(CRC)和率兼容穿孔卷积编码(RCPC)的串联实现包内FEC;通过使用系统里德—索罗蒙码(RS)实现包间 FEC。

需要注意的是:网络间的数据包交换时,网络对数据包的结构或内容全然不知,只是提供一个简单的"先入先出"的排队策略,当缓冲区产生溢出或包到达超时,不加区别地将包丢弃。也就是说,上述 PFEC 方案只考虑了基于无线 IP 包交换网络中的不同丢包的情况,没有充分考虑压缩视频数据流不同部分重要性不同的特点,如 MPEG-4 的精细粒度可伸缩性(FGS)视频编码方案,其增强层采用比特平面编码,不同比特平面其重要性不同。针对这种情况,有文献提出了一个无线 CDMA网络中多信道乘积码视频传输方案[121],该方案运用三维嵌入子带优化截断编码(3D-ESCOT)技术将嵌入视频流分成多个可独立解码的子层,一个子层由一个 CDMA 信道传输,每一个子层进行信道乘积编码,乘积码的实现与相关文献中[71,120]基本相同,只是包间 FEC 使用了系统率兼容 RS 编码实现了包间的不平等差错保护(UEP)。有文献针对MPEG-4 的 FGS 增强层不同比特平面重要性不同的特点,运用 RS 编码实现了包间 FEC[109];然而,该工作研究的是 Internet 中的视频传输,因而只考虑了网络中的拥塞丢包情况。

我们做的工作主要体现在三个方面:

(1)针对基于无线 IP 网络视频传输丢包的特点,运用乘积码 FEC对抗不同类型的丢包。

(2)提出运用多乘积码 FEC(MPFEC)结构对 FGS 增强层不同比特平面实施比特平面间的不平等差错保护(BPUEP)。

(3)提出了一个率失真优化的信源—信道联合编码的码率配置方案,

仿真结果显示出该方案在提高接收端视频质量方面的优势。

4.1 FGS 增强层码流容错技术的研究

FGS 不同于传统的可伸缩性视频编码,它由一个非伸缩性编码的基本层(BL)和一个可伸缩编码的增强层(EL)组成。其中基本层采用运动补偿 DCT 编码,为了降低基本层的码率,编码所用的量化步长较大,基本层的量化误差通过位平面编码技术形成增强层码流。通过解码基本层码流,可以得到低质量的视频图像,随着解码的增强层码流数量的增加,视频图像质量会逐步提高。FGS 允许一帧的增强层比特流在任意点上被截断,接受端重构的视频帧的质量与接受到的增强层比特数成正比。由于增强层的预测总是基于基本层的,所以无论从哪个点截断增强层比特流,都不至于影响后续帧,换句话说,就是 FGS 增强层比特流不存在差错繁殖。然而,正因为增强层的预测总是基于基本层的,使得编码效率比单层编码方案要低。为了在可伸缩性的粒度和编码效率之间有合适的权衡,渐进精细粒度可伸缩性(PFGS)编码方案被提出[122],与 FGS 相比,PFGS 增强层的预测基于先前重构的部分增强帧作为参考,所以编码效率较 FGS 有较大程度的提高。

4.1.1 FGS 增强层原码流结构

原有的 FGS 编码框架产生的增强层码流结构如图 4.1 所示,每帧的帧头由帧起始码 VOP SC(video object plane start code)和帧信息(frame information)两部分组成。所有的增强层码流按照宏块顺序排列组成该结构中的数据部分。

这种结构的增强层码流对错误的检测能力和恢复能力都很弱,原因是:

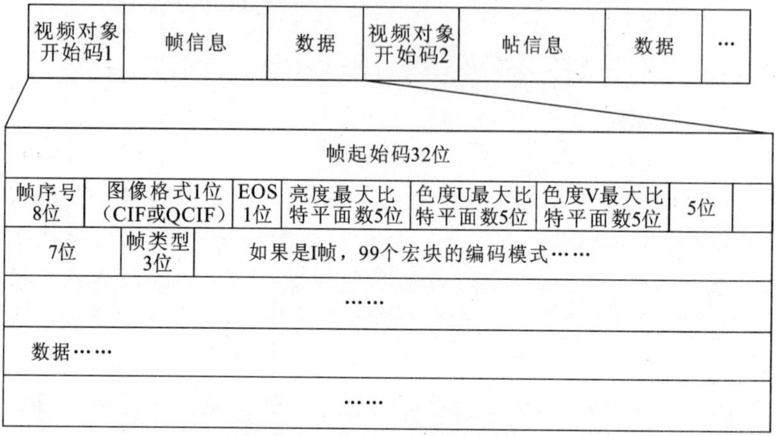

视频对象开始码1	帧信息	数据	视频对象开始码2	帖信息	数据	...

帧起始码32位						
帧序号8位	图像格式1位（CIF或QCIF）	EOS1位	亮度最大比特平面数5位	色度U最大比特平面数5位	色度V最大比特平面数5位	5位
7位	帧类型3位	如果是I帧，99个宏块的编码模式……				
	……					
数据……						
	……					

图 4.1　FGS 增强层码流结构

（1）一帧中只有帧起始码作为同步工具。如果发生误码,那么从当前帧检测到错误的地方起到下一个正确的帧起始码之前的所有码流都将被丢弃。虽然这种编码结构能够防止错误向下一帧的传播,但是在发生传输错误后它又丢掉了大量的码流,因而在有误码的信道中传输时,仍旧得不到高质量的视频图像。

（2）增强层码流检测错误的能力也非常弱,检测到错误的位置往往延迟于错误真正发生位置。从错误发生到错误被检测之间的码流被错误解码,也导致了视频质量的下降。更严重的是当增强层码流在有误码的信道中传输时,虽然可能有很多增强层码流被传到了解码端,但是由于传输错误的影响,大部分码流被解码器丢掉,实际有效解码的码流很少。这样就产生了一个非常错误的现象,即增强层码流的有效数据传输率不是由信道的带宽决定的,而是由信道的误码率决定的。

4.1.2 增强层码流在有误码的信道模型中传输的数学分析

本节通过信道模型来分析增强层码流在无线信道中的传输情况，通常采用图 4.2 所示的 Gilbert 模型来模拟有误码的信道，它实质上是一个两状态马尔可夫模型(好状态 G 和坏状态 B)，此模型可以模拟随机的或突发的误码信道。

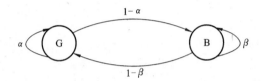

图 4.2 用来模拟信道状态的两状态马尔可夫模型

首先，考虑突发性的误码信道。假设增强层码流通过上面的模拟信道，由于解码器在解码增强层码流时，一旦检测到了误码就丢掉这一帧后面的所有的增强层码流，开始解码下一帧。这样每一帧正确解码的增强层码流的长度就是从这一帧的起始码到错误发生的位置，不妨假设这个长度就等于连续不发生误码的码流的长度。对于图 4.2 所示的信道模型，即在好状态上持续的次数，其均值为 $1/(1-\alpha)$。对一个有误码信道，一个典型参数是信道的误码率为 0.01，参数 β 为 0.6，由误码率公式

$$(1-\alpha)/(1-\alpha+1-\beta)$$

可以计算出参数 α 近似是 0.996，因此信道模型在好状态上持续的次数是 250。

假设 8 个比特组成一个信道符号，因此增强层码流通过上述信道时，平均每帧不出错的码流长度为 2000 bit。若帧率是 30 Hz，增强层

实际正确传输的码率仅为 60 kbit/s,而信道的带宽可能是几百千比特/秒到几兆比特/秒。

对随机性误码信道也可以得到类似的结果,因此现有的增强层码流在有误码的信道中传输时,尽管信道的带宽很宽,但是实际解码的增强层码流却是一个远远小于带宽的常数,这个常数由信道的误码率所决定。

4.1.3　改造后的增强层码流结构

为了提高增强层码流的容错性,我们将 MPEG-4 中基本层的一些错误检测和错误恢复的方法[19]用到增强层码流中,由于增强层码流错误对解码图像的影响要比基本层小得多,码率也比基本层高得多,所以不能采用复杂的错误恢复方法,以免给增强层带来更多的附加信息和计算复杂性。

1. 三级码流结构

结合视频包的方法和帧头的保护方法,阎蓉等提出了一种三级的增强层码流结构[123],如图 4.3 所示,在这种结构中增强层码流被帧头、位平面头和视频包头分为三级。

最上面的一级由帧头(VOPH)和 VOP 数据组成,帧头包含 32 位的 VOP 起始码和帧信息。每帧的增强层数据是用位平面方法编码形成的,因而位平面 BP(bit plane)就组成了增强层数据结构中的第二级。BP 也是由 BP 头和 BP 数据组成,BP 头由 27 位的 BP 起始码和 BP 头信息组成,BP 头信息包括 5 位的层号,表示该位平面在 VOP 中是第几层和 HEC 位。HEC(header extension code)位是一个标识位,当设为 1 时表示该 BP 头中有重复的 VOP 头信息。视频数据包 VP(video packet)是增强层码流结构的第三级,在增强层码流中把在同一

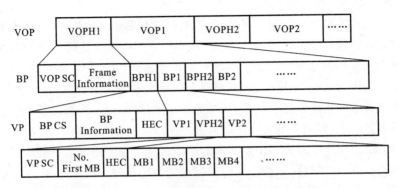

图 4.3　改造后的三级增强层码流结构示意图

行的宏块或几行宏块作为一个视频包。视频数据包也是由视频数据包头和视频包数据组成,在视频数据包头中有视频数据包的起始码,这个包中的第一个宏块的序号和 HEC 标识位等信息,视频包内的所有数据按宏块的位置顺序排列。

　　需要强调的是,VOP、BP 和 VP 的起始码在码流中都是唯一的标识符,当码流发生传输误差时解码器可以通过搜索这些起始码找到新的同步点。每帧中只有少量 HEC 位被设为 1,这是为了避免在码流中有太多的重复信息。显然,图 4.3 所示的多级增强层码流结构给解码器提供了更强的解码能力,解码器可以从以下几个方面来检测增强层码流发生了传输错误:

　　(1) 有与 VLC 码表不匹配的码字。

　　(2) DCT 系数的个数大于 64。

　　(3) 宏块序号不连续。

　　(4) 增强层序号不连续。

　　(5) VOPH 与 VPH 解出的帧信息不一致。

　　(6) 各头信息及标志位不符合逻辑顺序。

当检测到上面任何一种情况时,解码过程都将暂时中止,而转入错误处理阶段。解码器将搜索 VOP 或 BP 或 VP 的开始码来作为与编码端同步的标志位,并在搜索到一个正确的同步点后继续解码过程。如果错误发生在 VOPH 中,解码器会向后搜索到一个 HEC 为 1 的 BP 头或者 VP 头来恢复帧信息,如果搜索不到这样的头,那么由于丢失了帧信息,这一帧就不可解,解码器会找到下一个正确的 VOP 开始解码。由于两个正确的同步点之间的一个或几个发生错误的视频数据包被丢掉,因而可以保证被保留的数据是完全正确的。同时,发生在新结构的增强层码流的传输错误只能影响一个或者几个视频数据包,而不会把这一帧后面的码流都丢掉,从而使得增强层的有效数据传输率不再是仅由信道的传输误码率所决定。

2. 两级码流结构

阎蓉等提出的三级增强层码流结构,通过 VOP 头、BP 头和 VP 头将码流分为三级,从而将传输错误的影响减少为一个或者是几个视频数据包。首先,能有效提高增强层码流在有误码的信道中传输时的容错能力;其次,也不会太多增加解码器的计算复杂性。

但是,新的码流中却增加了许多比特,特别是第三级结构中,视频数据包包头更是增加了额外的开销。当然,这种结构有利于在多乘积编码 FEC 中的变包长方案。在码流容错性和编码效率之间权衡,一种两级结构的码流更适合 FGS。如图 4.4 所示,在原码流结构中每一个比特平面码流前增加一个 20 比特的 BP 头,特别是在等包长的多乘积编码 FEC 方案中这种结构优势明显。同时,第 3 章中讨论的嵌入在信源编码器中线性内插 R-D 信息获取模块采样要求在两个比特平面交界处进行,刚好与两级码流结构相适应。事实上,这种两级结构码流是充分考虑了联合信源编码和信道编码的特点而提出的,两级结构码流的视频包一级结构不是在信源编码时完成,而是在信道编码时完成,其优点是既保证了阎蓉等提出的三级增强层码流结构的容错特点,又提高了编码效率。

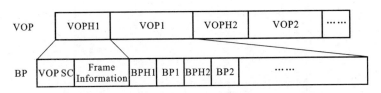

图 4.4　适合等包长的两级增强层码流结构示意图

4.2　多乘积编码 FEC——MPFEC

我们主要分析 EL 视频数据的传输,并且假设 BL 数据是被完全保护的,接收端可以正确接收到全部 BL 数据,所以 MPFEC 方案主要是对 EL 数据进行保护。在讨论多乘积码 FEC 方案之前,有必要先了解视频数据的打包方案。

4.2.1　FGS 增强层视频数据的打包

通常情况下有两种打包方案:变包长方案和等包长方案。

1. 变包长方案

变包长通常以宏块作为打包单位,如将一行宏块打进一个数据包,由于各宏块数据量不一样,因而,不同的数据包的比特数也不一样,如图 4.5 所示,但是每个比特平面的视频数据包数却相同。改造后的三级结构的码流适合这种打包方式。

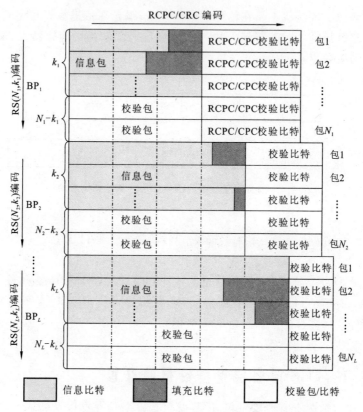

图 4.5　变包长 RCPC/CRC 和 RS 的多 PFEC 编码示意图

2. 等包长方案

该方法即将每一个比特平面的数据按顺序打进相等长度的不同数据包中,如图 4.6 所示,但是,不能保证不同比特平面的数据包个数相同。二级结构的码流适合这种打包方式。

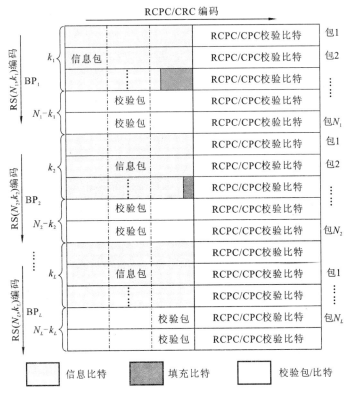

图 4.6　等包长 RCPC/CRC 和 RS 的多 PFEC 编码示意图

4.2.2　FGS 增强层码流传输的多乘积码 FEC(MPFEC)

图 4.5、图 4.6 所示为多乘积码 FEC(MPFEC)变包长编码和等包长编码框架示意图。

FGS 编码器输出码流按图 4.5 或图 4.6 所示编码。假设有 L 个比特平面(图中阴影部分),按其权值的高低从上往下排列,权值越高的比特平面重要性越大。根据 FGS 嵌入码流特点,前面的数据出错,后面数据无法正确解码。权值越高的平面,比特数少,权值越低的比特平面,字节数越多,图中越往下阴影部分面积越大就是这道理。第 i 个比特平面,根据其长度大小分成 $k_i(i=1,2,\cdots,L)$ 个信源包。

信道编码,由一对矢量 (γ,π) 参数在两个协议层对信源输出的增强层各比特平面的视频数据实施保护。π 是 RS 编码参数矢量;γ 是 RCPC 编码参数矢量。一个乘积码编码一个比特平面,视信道情况,不同平面编码参数可以不同;不同帧增强层乘积码参数也不一样,因而,称为多乘积码 FEC(MPFEC)方案。MPFEC 保护的比特平面数目,取决于信源根据信道情况输出的增强层比特数的多少。在传输层,一组系统分组 RS 码

$$\pi=\{(N_1,k_1),(N_2,k_2),\cdots,(N_L,k_L)\}$$

提供各比特平面间的保护。$RS(N_i,k_i)$ 是比特平面 BP_i 的编码参数,按图 2 中虚线进行列向编码,列宽为一个字节。k_i 是比特平面 BP_i 的信息包数,并生成 N_i-k_i 个校验包。一个 $RS(N_i,k_i)$ 编码最多能够纠正 N_i-k_i 个擦除。在生成 RS 校验包之前,找到最长的宏块组,并在其他宏块组后面加上填充比特(图 4.6 中黑色块),使每个比特平面中的所有宏块组的比特数一样,生成校验包之后再去掉。

在链路层,如图 4.6 所示,在比特平面 BP_i 的每一个数据包之后填充上 C_i 个 CRC 校验比特(基于 IP 的无线网络通常使用 32 位的以太网 CRC,802.2 定义的),然后按照 RCPC 编码矢量

$$\gamma=(r_1,r_2,\cdots,r_L)$$

对相应的包进行 RCPC 编码。其中 r_i 是第 i 个比特平面中各数据包 RCPC 编码码率,其中,$i=1,2,\cdots,L$。

如果第 i 个比特平面的第 j 个信源包长为 $R_{S,i,j}$,由于 CRC 校验比

特为 c_i 个,所以,当用码率 r_i 进行 RCPC 编码后,包长是

$$R_{i,j} = (R_{S,i,j} + c_i)/r_i$$

一个序列 RCPC 码簇可以用码率为 $1/N$ 的母码和记忆长度 M 来描述,由 N 和穿孔周期 P 确定 RCPC 编码的码率范围

$$R = P/(P+l) \qquad l = 1, 2, \cdots, (N-1)P$$

更为详细的内容可参见相关文献[124]。

由于采用了乘积码方案,在一个比特平面内,如果所有数据包没有丢失,可以不必进行 RS 解码,减小了时延。

4.3 信道传输失真估计

基于无线 IP 网络由有线链路和无线链路组成,可以将其视为一个有线包擦除信道和一个无线多径衰落信道的串联模型[120]:当有线包擦除信道包丢失率为 α(网路拥塞所致),无线多径衰落信道包丢失率为 β(残留比特差错导致丢包,即 RCPC 解码不能完全纠正无线信道的比特差错或突发错误,则包含残留差错的包可以考虑作为包擦除处理),则整个网络包丢失率模型为:

$$\mu = \alpha + (1-\alpha)\beta$$

对于无线信道,考虑使用二进制相移键控(BPSK)调制通过一个平坦衰落信道加上加性白高斯噪声(AWGN),关于信道误比特率 p_e 和信道平均信噪比 SNR 的计算详情可参见相关文献[120]。

要估计由于信道丢包造成的视频解码的失真,必须知道信源包丢失的概率和信源包丢失造成的失真。而要计算一个信源包丢失的概率,首先要知道一个传输包的丢失概率。设信源增强层编码参数 q_i,第 i 个比特平面乘积码中的 RS 编码参数为 (N_i, k_i),RCPC 编码参数为 r_i。要注意的是:同一个比特平面采用相同的 RS 和 RCPC 编码参数。

假设满足独立比特差错的条件,则无线多径衰落信道中一个传输包丢失的概率可以表示成:

$$\beta_{i,j}(q_i,(N_i,k_i),r_i)=1-(1-p_b)^{R_{i,j}} \tag{4.1}$$

这里,p_b 是 RCPC 解码后的残留误比特率,与无线多径衰落信道误比特率(BER)有关;$R_{i,j}$ 是包长。很显然,第 i 个比特平面中第 j 个传输包在基于无线 IP 网络中的丢失概率 $\mu_{i,j}$,完全由 α 和 $\beta_{i,j}$ 来确定,而有线包擦除信道的包丢失率 α 常常建模成一个常数[120]。则有:

$$\mu_{i,j}=\alpha+(1-\alpha)\beta_{i,j}(q_i,(N_i,K_i),r_i)$$
$$=\alpha+(1-\alpha)[1-1(1-p_b)^{R_{i,j}}] \tag{4.2}$$

接下来采用和相关文献[120,125]中相同的方法计算一个信源包丢失的概率。设 $Q_i=\{1,2,\cdots,N_i\}$ 是第 i 个比特平面传输包的集合,让

$$Q_{i,n}^h(n=1,2,\cdots,N_i;h=1,2,\cdots,C_{N_i}^n)$$

表示 Q_i 中所有 n 个元素组成的子集中的第 h 个子集。例如,$Q_i=\{1,2,3\}$,则所有子集为

$$Q_{i,1}^1=\{1\} \qquad Q_{i,1}^2=\{2\} \qquad Q_{i,1}^3=\{3\} \qquad Q_{i,2}^1=\{1,2\}$$

$$Q_{i,2}^2=\{1,3\} \qquad Q_{i,2}^3=\{2,3\} \qquad Q_{i,3}^1=\{1,2,3\}$$

设

$$I_l(N_i,j)=\{Q_{i,n}^h\in Q\mid j\in Q_{i,n}^h,|Q_{i,n}^h|=l\}$$

且定义 $P_{i,j}(N_i,l)$ 是在 N_i 个传输包中,有 l 个包没有被正确解码时第 j 个信源包不能被正确解码的概率。因而,第 i 个比特平面中第 j 个信源包丢失的概率可以表示成:

$$\rho_{i,j}(q_i,(n_i,k_i),r_i)$$

$$=\sum_{l=N_i-k_i+1}^{N_i}P_{i,j}(N_i,l)$$

$$=\sum_{l=N_i-k_i+1}^{N_i}\sum_{Q_{i,n}^h\in I_l(N_i,j)}\left[\prod_{\varepsilon\in Q_{i,n}^h}\mu_{i,\varepsilon}\prod_{\varphi\notin Q_{i,n}^h}(1-\mu_{i,\varphi})\right] \tag{4.3}$$

　　根据前面数据分包方案,一个包丢失的事件是独立的,然而根据 FGS 嵌入码流的特点,当码流某处出错,该帧后面的码流不能被正确解码。事实上当第一个丢失包出现时,就决定了该帧整个增强层的失真。因此,假设第 i 个比特平面前 j 个包信源数据为 $M(k_i,j)$,当 $M(k_i,j)$ 正确接收并解码时,对应的失真是 $D(M(k_i,j))$,这在信源编码器端是很容易算出的,而且不会增加太多的计算复杂度。据此,可以计算第 j 个信源包正确解码时失真的减少量

$$\Delta D_{i,j} = D(M(k_i,j-1)) - D(M(k_i,j))$$

这个值在信源端很容易计算出来,而且不会增加太多计算复杂性。

　　当所有 L 个比特平面的数据通过 MPFEC 在基于 IP 的无线网络中传输后,第三章式(3.5)中信道传输失真 D_c 的期望值可以用下式估算:

$$
\begin{aligned}
& D_{\mathrm{MPFEC}} \\
&= D_{\mathrm{BL}} - \sum_{i=1}^{L} \sum_{j=1}^{N_i} (1-\rho_{i,j}) \Delta D_{i,j} \\
&= D_{\mathrm{BL}} - \sum_{i=1}^{L} \sum_{j=1}^{N_i} \left\{ 1 - \sum_{l=N_i-k_i+1}^{N_i} \sum_{Q_{i,n}^h \in I_l(N_i,j)} \left[\prod_{\varepsilon \in Q_{i,n}^h} \mu_{i,\varepsilon} \prod_{\varphi \in \overline{Q_{i,n}^h}} (1-\mu_{i,\varphi}) \right] \right\} \Delta D_{i,j}
\end{aligned}
$$

$$(4.4)$$

D_{BL} 是只有 FGS 基本层数据解码时的失真。均方误差(MSE)作为计算失真的量度,每帧的期望失真在像素水平上通过递归求和进行计算。

5 信源—信道联合编码的
码率优化分配算法

随着移动通信的迅猛发展,无线移动通信和多媒体通信正走向融合,多媒体业务正成为移动通信业的一个新的增长点,特别是第三代移动通信和以多媒体数据业务为主体的第四代移动通信的蓬勃发展,对无线信道的多媒体通信提出了更高的要求。随着可视电话、视频会议、实时或非实时多媒体点播和多媒体信息服务(MMS)在 2.5G、3G 以及今后 4G 通信中的应用,视频在无线环境中怎样才能高效、稳定地传输成为研究的热点。在整个端到端的无线视频通信系统中,从信源到信宿各个环节要充分考虑到以下三方面因素的影响:

(1)视频信源是三维(空间与时间)信源的特殊性。视频信源由于具有空域、时域相关性,因而存在空间冗余、时间冗余和信息熵冗余。除此之外,还存在视觉数据中的结构冗余、知识冗余以及与人类生理相关的视觉冗余,因而,视频信源是可以进行压缩编码处理的。图像编码技术自 1948 年 Oliver 提出 PCM 编码理论以来,迄今已有 60 多年的历史,已经发展成为一个独立的研究领域。图像编码压缩技术的基本思想是去除图像数据中各种相关性所带来的冗余,视频压缩编码的目的是要实现视频通信的有效性[126]。

(2)通信信道是无线环境的特点。特别是移动无线信道存在多径衰落、遮蔽、码间串扰和噪声干扰等特点,因而信道的误码和丢包会随着时变信道环境的改变而发生改变。在移动信道环境中,平均差错率超过 10％是很常见的[78]。所以,必须采用合适的信道编码技术来保证视频通信的可靠性[126]。

(3) 在信源编码与信道编码之间进行综合权衡。换句话说,就是要在视频通信的有效性与可靠性之间进行权衡。之所以存在这种权衡,是基于 Shannon 的"分离原则"的传统信息论基础的做法是把信源信道分开考虑的:

一方面,无线信道的带宽是受限的,在带宽受限的信道中传输视频数据,要求信源端的视频编码有足够高的压缩效率,尽可能除去视频中的冗余信息,使得编码后的视频数据量尽可能的少。

另一方面,无线移动传输信道受多径效应和衰落的影响,信道误码率较高,高压缩比的视频数据,对信道误码的影响是非常敏感的,有时即使是一个比特的错误可能会导致接收端解码的视频质量严重下降。

为了对传输数据进行必要的保护,并且能够对信道传输误码进行检错和纠错,在信道编码中要加入必要的冗余信息。信源编码除去冗余是为了提高视频通信的有效性,而信道编码加入冗余是为了提高视频通信的可靠性,由此看来,提高有效性与提高可靠性不可能都达到最优,所以才需要在信源编码与信道编码之间进行综合权衡。而采用信源—信道联合编码实现信源、信道联合参数优化是实现这种权衡的有效途径[77,78,82,83,85,127]。

5.1　广义率失真理论与无线信道下的广义率失真模型

Shannon 的"分离原则"的重要前提假设是:

假设 1　无论是信源编码还是信道编码,都需要假定可以容忍无限长的延迟,及编码块无限长。

假设 2 信道编码器完全掌握传输信道的统计特性。在这种情况下,可以实现无差错传输。

显然,上述两条假设在实际的无线通信系统中是不成立的。对于假设1,信源编码不可能具有无限的存储空间,也不可以造成无限长的延时,因此信源编码效率不可能达到 Shannon 定义的编码极限;对于假设 2,即使是点对点的应用系统,其信道状况也是时变的,统计特征也极为复杂。对于广播或组播等多用户应用,信道统计特性将更加复杂,造成假设 2 也难以成立。因此分别考虑信源编码器和信道编码器,将无法达到高效可靠传输信息的目的。解决这一问题的方法就是联合考虑信源编码与信道编码,即信源信道联合编码技术。

对于信道编码传输过程,目前还没有相应的指导理论。信道编码、差错控制等操作基本上处于一种试探性的盲处理阶段,算法不同程度上存在过保护(保护粒度过大,浪费带宽)或欠保护(保护粒度不够,达不到保护的目的)的缺陷,这对于系统的优化极为不利。

因此需要建立无线信道的信道广义率失真模型 $D_C(R_C)$ 来指导信道编码、差错保护等算法,从而实现"数据传输速率 R_C 一定的条件下,系统传输失真度 D_C 最小"的目标。此处之所以采用率失真的表述方式是因为虽然造成信道失真的因素有很多,但这些因素归根到底都受到信道传输速率 R_C 的影响,R_C 是采用各种算法的约束,因此可以说传输速率的差异是造成传输失真度不同的根本原因。所以可以将率失真理论引入信道传输过程,建立无线信道广义率失真模型。当然,将率失真理论应用于无线信道,建立无线信道广义率失真模型是一个非常复杂的问题。造成这一问题复杂性的主要原因在于影响无线信道传输失真的因素太多。分析易知,这些因素主要包括:

(1)信源编码的算法、压缩比、输出码流的格式。

（2）信道特征，包括衰落、多径等状态。

（3）信道编码方式及其保护粒度，这是影响数据抗误码性能的主要因素。

（4）差错控制的方式等。

以上这四个因素都会对无线数据传输的失真产生影响，并且它们之间相互融合、相互影响，使得信道广义率失真模型极为复杂。

当前国内外研究多媒体数据在无线信道上传输的很多，研究率失真理论在资源分配、信源编码器优化上的成果也较多，但是综合考虑上述因素研究多媒体数据传输失真的几乎没有。

相关的最新研究成果有：

2002 年，P A Chou 等提出了一种基于率失真模型的包传输框架，但是这种框架的应用环境是尽力而为的 Internet[128]；

2001 年，L M Qian 在讨论 JSCM(joint source-channel matching)时[129]，研究了传输速率与端到端失真度的函数，但他只是简要论述了信道带宽和信道误码之间的关系，结果显得较为粗糙；

Z H He 在他 2002 年的论文[78]中也用相当的篇幅来研究信道失真的问题，但是他仅考虑宏块丢失对最终失真度的影响；T Stockhammer 在包丢失环境下研究多媒体数据的传输[130,131]，近年来发表了一系列的研究成果，但其中仍然很少涉及信道编码和差错控制算法以及对最终失真的定量分析。

有文献定义无线信道广义率失真模型为[132]

$$D_C = R(E_S, E_C, C, E_P)$$

其中，

E_S 为信源编码模型；

$E_S = \{E_{S1}, E_{S2}, \cdots, E_{Sn}\}$ 是一个由多个控制参数组成的参数集；

E_C 是信道编码模型，$E_C = \{E_{C1}, E_{C2}, \cdots, E_{Cn}\}$，包括编码方式及性

能控制参数；

C 代表无线信道模型的信道特征参数矢量，包括无线信道传输带宽 r 等；

E_P 是差错保护的策略及粒度，如 UEP 等方式；

D_C 是最终多媒体数据信道传输失真。

这样，信道广义率失真模型问题就是：在 C 已知的条件下，要求 $\min(D_C)$，则 E_S、E_C、E_P 的参数将如何调配的问题。这是一个多参数的联合优化问题，目标函数是 $\min(D_C)$，约束是 C，调节参数是 E_S、E_C、E_P。

前面已经提到，传统的通信是在 Shannon 两个假设前提下实现的。而实际的无线通信系统中很难实现这两个假设。因此，分别考虑信源编码和信道编码，将无法达到高效可靠传输信息的目的。解决这一问题的方法就是联合考虑信源编码与信道编码，即信源信道联合编码技术。

5.2 信源—信道联合编码技术

信源—信道联合视频编码是当今多媒体通信领域很重要的研究课题，因为它突破了 Shannon 信息论的"分离原则"，能将信源和信道联合起来作为一个系统考虑，进行联合参数优化和码率的优化分配，提高了视频数据适应无线移动网络变化的能力，使得输出的视频失真最小。同时，还可以降低无线移动多媒体通信系统的实现复杂度。

5.2.1 信源—信道联合编码技术分类

关于联合信源信道编码技术的分类，不同的文献有不同的分类方法。

有的文献给出了一个非频率选择性衰落信道上单一应用的例子[79]，清楚而较全面地描述了整个系统各环节之间的相互关系。

有的文献将信源信道联合编码技术部分为[133]：

（1）残留冗余控制信道解码技术。

（2）自适应纠错技术；

（3）基于因子图形的信源信道联合译码技术。

（4）基于软输入软输出的联合译码技术。

（5）信源信道编码的联合优化技术。

（6）基于信道优化的网格量化联合编码技术等。

有的文献则根据信源信道耦合的程度分为三类技术[95]：

（1）紧耦合的联合信源—信道编码。

（2）松耦合的不平等保护信源—信道编码。

（3）参数联合优化的信源—信道编码，这是介于前两者之间的一种联合编码方法。

作者认为分为下面四类更合适一些：

（1）信源控制信道编码的联合编码技术。相关文献中的技术，就是根据信源编码输出数据的重要性不同，进行不同保护粒度的信道编码[71,134]。这类联合编码技术应用较多，而且已有部分实用。但究其根源仍未脱离传统的 Shannon 信息论，只是改进信道编码以适应信源编码的输出码流而已。

（2）信源控制信道解码的联合编码技术。有的文献介绍了用信源编码的残留冗余来控制信道解码的技术[135]。然而由于这类联合编码方式设计起来过于复杂，并且一定要基于某种特性已知的信源编码器和信道编码器，因此限制了其应用范围，目前已经不是研究的重点。

（3）信道控制的信源编码的联合编码技术。有的文献则根据不同的信道模型选择不同的信源编码参数[136]。这类方法实现较简单，但信道模型能否很好地匹配信源参数是这类技术的关键。

（4）联合参数优化的联合编码技术。这种技术将已知的信源编码器和信道编码器级连起来，保持两个编码器之间的独立性，但是它根据广义率失真函数，联合优化信源、信道的编码参数[129]，以实现联合编码的目的。广义率失真模型通常有两种类型：理论分析模型和经验模型[78]。这种联合编码技术是当前信源信道联合编码的主流方向。

5.2.2 信源—信道联合参数优化编码方式的一种结构

针对不可靠信道多媒体通信中的信道状态，通过合理分配原始多媒体数据和保护数据之间的传输带宽，实现信源和信道冗余度的合理分配，进而实现参数联合优化的信源信道编码系统。这种信源信道联合编码技术一方面可以降低系统的实现复杂度，同时可以通过信源和信道之间的速率分配来实现联合编码的目的，是一种折中而又有效的编码方式。

实现上述参数联合优化的信源信道编码方式的一种结构如图5.1所示。原始媒体流数据首先进行可伸缩性的信源编码，然后对不同业务的不同级别数据层采用不同粒度的信道编码保护，多层数据流经复合后进入网络传输。接收端接收到数据流后，反馈接收情况报告给发送端，发送端接收到此报告后，分析并计算其中相关的关键网络参数

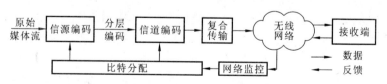

图 5.1 参数联合优化的信源信道编码方式[132]

（如当前网络带宽、误码率等），然后按照这些参数分配信源、信道之间的比特数，实现信源信道联合编码。

5.2.3　信源—信道编码的平衡

传统信源编码的目标是：在给定目标码率的前提下，使得编码失真度最小。传统信道编码的目标是：在信道容量允许的条件下，尽可能可靠的传输数据。分析可知，在带宽受限的多媒体通信系统中，这两个编码目标是矛盾的，其相互关系分析如下。

定义某时刻通信系统总带宽为 R，信源编码分配的带宽比例为 $r(0<r<1)$，则信源编码分配的码率为 $R_S = r \cdot R$，信道编码分配的带宽为

$$R_C = (1-r) \cdot R$$

定义由信源编码器量化、预测等算法引起的信源编码失真为 D_S；由信道丢包误码引起的信道传输失真为 D_C；端到端的总失真为 D，并且

$$D = D_S + D_C$$

成立。

定义数据经信道解码后仍然残留的错误符号率为 RSER（residual symbol error rate），则 RSER 与信道传输失真 D_C 有单调递增的关系[132]，如图 5.2(c) 所示。

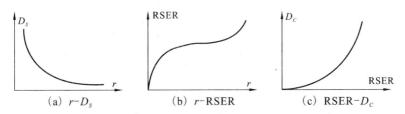

图 5.2　多媒体无线传输模型中相关参数关系示意图

图 5.2(a)显示了比例 r 与信源编码失真 D_S 之间的关系；图 5.2(b)显示了比例 r 与残留错误符号率 RSER 之间的关系；图 5.2(c)显示了 RSER 与信道传输失真 D_C 之间的关系。由此可以得到图 5.3 所示的关系示意图。

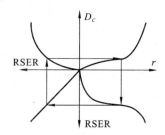

图 5.3　信源编码分配比率 r、残留错误符号率 RSER、信道传输失真 D_C 的关系

因此，比例 r 与信道传输失真度 D_C 的关系如图 5.4(a)所示，联合考虑公式

$$D = D_S + D_C$$

及图 5.4(a)，可以得到如图 5.4(b)、(c)所示的结果。

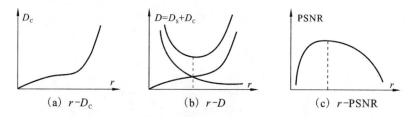

(a) r-D_c　　　　　(b) r-D　　　　　(c) r-PSNR

图 5.4　多媒体无线传输模型中相关参数关系示意图

由图 5.4 可以看出，为了使传输系统整体失真度 D 最小，信源编码比例 r 需要取一个特定值。且一般来说整体失真度 D 是比例 r 的 U

型上凸函数,具有唯一的最小极值点[137],该极值点就将是信源信道联合编码比特分配的最佳点,信源信道联合编码的核心问题就是求解这个极值最佳点,达到信源、信道之间的编码平衡。

5.3　信源—信道联合编码的 FGS 视频传输的优化码率配置算法

5.3.1　问题表述

对于信源—信道联合编码,端到端失真 $D(R)$ 由信源失真 $D_S(R_S)$ 和信道失真 D_{MPFEC} 组成。R 表示为网络可用的带宽,相应地 R_S 和 R_{MPFEC} 表示 FGS 信源码率和 MPFEC 的信道码率。码率配置问题可以表述成:

$$\text{minimize } D(R) = D_S(R_S) + D_{\text{MPFEC}} \quad \text{subject to } R \geqslant R_S + R_{\text{MPFEC}}$$

$$(5.1)$$

5.3.2　信源—信道联合率失真优化

得到信源和信道失真估计后,必须优化信源和 MPFEC 码率配置,从而满足式(5.1)的要求。为了实现式(5.1)的优化方案,对相关文献中的算法进行改进[7],得到搜索算法 1 如下:

算法 1

第一步　设 $R_S = R$(当今网络传输带宽/帧率),计算出 $D_S(R_S)$ 并设

$$D_{\text{pre}} = D_S(R_S)$$

第二步　设 $R_S = R - \Delta R$,计算出 $D_S(R_S)$、信道编码可用的比特数

R_{MPFEC}（近似等于 ΔR），并调用后面的算法二计算出 D_{MPFEC}。这一步关键是如何在不同的比特平面之间分配可用的 R_{MPFEC}，并使 D_{MPFEC} 最小。我们提出了自适应的信道码率配置算法，算法的具体描述在下一节介绍。

第三步　如果 $R_S + R_{\mathrm{MPFEC}} > R$，返回第二步；否则，继续第四步。

第四步　如果

$$D_{\mathrm{current}} = D_S(R_S) + D_{\mathrm{MPFEC}} < D_{\mathrm{pre}}$$

则设 $D_{\mathrm{pre}} = D_{\mathrm{current}}$，记录下这时的码率配置方案，然后返回第二步；否则，完成搜索，用先前的码率配置方案作为最终结果，然后继续下面工作。

为了减少搜索的重复的次数，我们可以根据信道条件选择合适的搜索步长。如果平均包丢失率（有线链路的拥塞丢包和无线链路差错造成丢包）很小，说明网路条件好，MPFEC 所需要的比特就少，我们选择小步长提高搜索算法的精准性；如果平均包丢失率大，就需要更多的 MPFEC 比特来保护信源数据，因而，较大的搜索步长被选取来加快搜索速度。

5.3.3　MPFEC 各比特平面保护比特分配算法

这一步的关键是在一定的信道码率条件下 R_{MPFEC}，找出信道多乘积码 MPFEC 的码率分配算法，这是一个多参数最小化问题，在工程中实现起来非常困难，因而采用多变量的交替最小化的优化方法。为了进一步简化计算复杂度，可以结合 FGS 增强层码流和多乘积码 MPFEC 的特点来考虑该码率分配问题。

首先，配置方案要保证前面的码流不丢失或不出错，才能考虑后面码流的保护。否则，前面的码流有错误或丢失，后面的码流保护粒度再大也不可能正确解码。

其次,MPFEC 编码方案一经确定,如 RS 编码,每一个比特平面的数据包是一定的(一行宏块打进一个包),则 RS 编码的信息包数就是固定的 9 个;对 RCPC 编码来讲,母码码率和穿孔周期确定后,可选编码参数也是有限的。

因此,得到算法 2 如下:

算法 2

第一步 设置第一个比特平面指针 Pointer＝1,按最大保护粒度给信源输出的所有比特平面以保护,计算当前信道保护比特数 $R_{current}^c$。如果 $R_{current}^c < R_{MPFEC}$,则减小算法 1 中的 ΔR(相当于增加信源编码器输出的增强层比特数,减少可用的信道保护比特数),返回算法 1 第二步;否则,记录下获得最大保护粒度的比特平面数 i,然后继续下一步。

第二步 计算当前信道失真 $D_{current}^c$,并设 $D_{pre}^c = D_{current}^c$,存储先前编码矢量

$$\boldsymbol{\Gamma}_{pre} = (\gamma, \pi)_{pre}$$

第三步 从 Pointer 指向的比特平面开始,按 $\boldsymbol{\Gamma}_{pre}$ 指示的编码参数作为基准,将前面 i 个比特平面均降低保护粒度一级,并将让出的比特数,按降级后的保护粒度依次分配给第 i 个比特平面之后的 n 个比特平面,且 $i = i + n$,计算当前信道比特数 $R_{current}^c$ 和失真 $D_{current}^c$,记录

$$\boldsymbol{\Gamma}_{current} = (\gamma, \pi)_{current}$$

第四步 如果

$$R_{current}^c < R_{MPFEC} \qquad Pointer = Pointer + 1$$

返回第三步;否则,继续第五步。

第五步 如果 $D_{current}^c < D_{pre}^c$,则

$$D_{pre}^c = D_{current}^c \qquad \boldsymbol{\Gamma}_{pre} = \boldsymbol{\Gamma}_{current}$$

返回到第三步;否则,$D_{MPFEC} = D_{pre}^c$,并记录 MPFEC 码率配置方案 $\boldsymbol{\Gamma}_{pre}$、

D_{MPFEC}作为最终结果,返回到算法 1 第三步。

在发送端,要将获得的优化配置方案,如 RS 编码和 RCPC 编码参数要随视频数据一起发往接收端,然而,MPFEC 配置信息比特数很小,其占用的带宽可以忽略,该算法复杂度的增加主要体现在式(4.4)的计算上。

5.4　仿真结果

在仿真试验中,使用 MPEG-4 FGS 编/解码器和 QCIF(176×144)格式的 Foreman 测试序列。首帧编码成 I 帧,后续帧编码成 P 帧,编码帧率为 15 帧/秒。基本层编码比特率为固定的 36 kbit/s,使用 TM5进行码率控制,目标码率 192 kbit/s,在仿真试验中,假设基本层受到很好保护,没有包丢失。

MPEFC 选用

$$\boldsymbol{\pi} = \{(9,9),(11,9),(13,9),(13,9)\}$$

作为 RS 可用的编码矢量;RCPC 码产生多项式为(133,171),母码率为 1/2,穿孔周期 $P=4$,因而可用的 RCPC 编码矢量为

$$\boldsymbol{\gamma} = (4/5,4/6,4/7,4/8)$$

接收端采用软维特比解码。使用平坦瑞利衰落信道加上加性高斯白噪声作为无线试验信道,峰值信噪比(PSNR)作为视频质量量度。

该仿真试验在式(5.1)的框架下,多乘积码传输和单链路层传输(没有传输层的 RS 码保护)在相同目标码率情况下的解码质量的测试,同时也做了无保护传输的仿真测试,三者的比较结果如图 5.5 所示。图 5.5(a)所示是在固定无线链路平均信噪比 SNR 为 8 dB 的情况下,视频解码 PSNR 值随有线链路包丢失率的变化曲线,在包丢失率很低的情况下(2%以下),无保护和单链路层保护的解码 PSNR 值比乘积

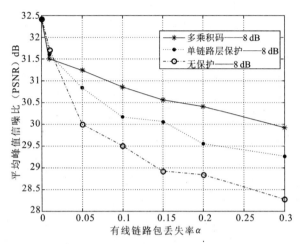

（a）无线链路平均信噪比一定，视频 PSNR vs 有线链路丢保率曲线

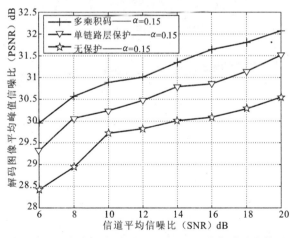

（b）有线链路包丢失率一定，视频 PSNR vs 无线信道平均信噪比曲线

图 5.5　多乘积码方案、单链路层保护方案和
无保护传输方案的解码视频质量比较

码方案最大分别高出 0.1 dB 和 0.2 dB,原因是无保护和单链路层保护情况下信道无需保护比特和需要少量的保护比特,更多的比特数用于信源编码;在包丢失率高的情况下,多乘积码保护方案优势明显,如包丢失率30%时,多乘积码保护比单链路层保护高出 0.6 dB,比无保护传输高出 1.6 dB。图 5.5(b)所示是在有线链路包丢失率等于 15%,视频解码质量随无线链路平均信噪比值变化曲线,多乘积码保护方案优势同样明显。

图 5.6 所示是在有线链路平均包丢失率为 15%和无线链路平均信噪比为 8 dB 情况下各帧解码的 PSNR 值分布曲线和 PSNR 值分段

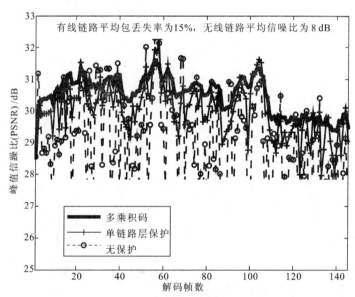

（a）有线链路平均包丢失率为 15%和无线链路平均信噪比为 8 dB
情况下各帧解码的 PSNR 值分布曲线

图 5.6   有线链路平均包丢失率为 15%和无线链路平均信噪比
为 8 dB 情况下各帧解码的 PSNR 值分布曲线

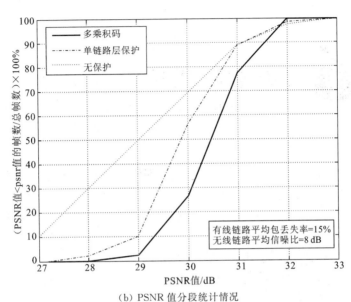

（b）PSNR 值分段统计情况

图 5.6　有线链路平均包丢失率为 15％和无线链路平均信噪比
为 8 dB 情况下各帧解码的 PSNR 值分布曲线（续）

统计情况，可以观察出，多乘积码方案不仅视频解码的平均 PSNR 值
高于其他两种情况，而且，视频质量的变化要平滑得多。

6 基本层传输的不平等差错保护研究

在第 5 章中谈到了联合信源—信道编码各种技术,其中信源优化的信道编码方案大多是通过在信源与信道之间进行优化码率配置使得端到端的失真最小。然而,在这些码率配置方案中,通常假设视频帧间是独立编码的,不用考虑帧间的差错繁殖。这在 MPEG-4 FGS 增强层编码技术中是成立的。而 MPEG-4 FGS 基本层编码技术和其他单层视频编码技术方案中(如 H.26x 系列编码方案),都采用了运动补偿的预测编码技术,在这些技术方案中,由于前后帧间的依赖关系,差错繁殖是使得解码端重构视频质量下降的一个重要原因。Ramchandran 等人第一次在视频编码的码率配置方案中考虑帧间的依赖性,认为在率失真框架下,通过联合信源—信道编码优化码率配置是可能的[138]。M Bystrom 和 T Stockhammer 于 2004 年提出了依赖视频序列的一个通用联合信源—信道编码方案[139],该方案也是在率失真框架下进行的,为了减少计算的复杂性,引入了一个视频帧间优化码率配置的解析方法,率失真曲面和信道都被建模。通常情况下,差错繁殖的范围随着帧数的增加而变大,但差错繁殖的强度却逐渐变小。本章基于差错繁殖的依赖性和强度的衰减性,提出了一个率失真框架下联合信源—信道编码的优化码率配置方案。帧间依赖性的视频编码与传输的参数数量要比帧间独立编码参数多得多,为了减小问题表示的复杂性,对率失真特性进行了建模。

6.1　帧间依赖视频编码与
传输码率配置的问题表述

在率失真框架下考虑帧间依赖视频编码与传输码率配置的问题，可以采用拉格朗日优化方法。如若一个 L-帧序列的图像组（GOP）整个信源、信道可用的目标码率是 R_{budget}，我们要在信源、信道间优化码率配置，使得平均失真 $\overline{D}_{S+C}$ 最小，即：

$$\text{minimize}\,\overline{D}_{S+C}\,,\text{subject to } R_{S+C}\leqslant R_{\text{budget}} \tag{6.1}$$

拉格朗日代价函数表述如下：

$$J=\overline{D}_{S+C}+\lambda(R_{\text{budget}}-R_{S+C}) \tag{6.2}$$

求式（6.2）最小值即可满足式（6.1）。

对于 L-帧的 GOP，假设 $\boldsymbol{Q}=\{q_1,q_2,\cdots,q_L\}$ 是信源各帧量化矢量、$\boldsymbol{r}=\{r_1,r_2,\cdots,r_L\}$ 是信道编码矢量，这里 q_k 是第 k 帧的量化参数，而 r_k 是第 k 帧的信道码率，则优化问题（6.2）可以表述为：

$$J(\boldsymbol{Q},\boldsymbol{r},\lambda)=\frac{1}{L}\sum_{k=1}^{L}D_{S+C}^{(k)}(q_1,q_2,\cdots,q_k,r_1,r_2,\cdots,r_k)+$$
$$\lambda\left(R_{\text{budget}}-\sum_{k=1}^{N}\frac{R_S^{(k)}(q_i)}{r_k}\right) \tag{6.3}$$

通常情况下，由于一个参考帧率配置影响后续所有的预测帧，所以该方案相当的复杂。

式（6.3）中的第一项是当信源编码选定量化矢量 $\boldsymbol{Q}$ 和信道选定编码率矢量 $\boldsymbol{r}$ 时，整个 L-帧序列的平均失真

$$D_{S+C}^{(k)}(q_1,q_2,\cdots,q_k,r_1,r_2,\cdots,r_k)$$

第 k 帧的失真，$R_S^{(k)}(q_k)$ 是第 k 帧的信源码率函数。在没有差错发生时，由于依赖性而计算

$$D_{S+C}^{(k)}(q_1,q_2,\cdots,q_k,r_1,r_2\cdots,r_k)$$

和 $R_S^{(k)}(q_k)$ 只需要足够的存储和计算开销。然而,如果有信道差错发生,即使是很小的参数矢量集合 Q 和 r,计算也变得几乎不可能,因为,计算次数随着依赖结构的帧数增加而成指数增长。为了解决这个问题,文献[139]中使用了一个卷积编码的误比特率模型和率失真曲面模型。

6.2 信道编码性能和信道传输失真的建模

6.2.1 信道编码性能的建模

信道编码采用率兼容穿孔递归卷积码(RCPSRC),其母码码率为 $R=1/4$,记忆长度为 $M=4$,码率产生多项式为:

$$G_S(\tau)=[A,B,C]$$

注:

$$A=\left[1,R_1(\tau)=\frac{1+\tau+\tau^2+\tau^4}{1+\tau^3+\tau^4}\right]$$

$$B=\left[R_2(\tau)=\frac{1+\tau^2+\tau^3+\tau^4}{1+\tau^3+\tau^4}\right]$$

$$C=\left[R_3(\tau)=\frac{1+\tau+\tau^3+\tau^4}{1+\tau^3+\tau^4}\right]$$

τ 是延迟因子,穿孔周期 $P=8$。

为了建模信道编码,我们假设使用二进制信令 AWGN 信道,信噪比(SNR)为 E_S/N_0。Viterbi 和 Omura 给出了这种信道中误比特率(BER)的上限[140]:

$$p(r)\leqslant\frac{e^{-\mu E_S/2rN_0+O(\mu)}}{(1-e^{-\mu E_S/2N_0})^2}\leqslant10^{-\mu E_S/2r\ln10N_0+O(\mu)} \tag{6.4}$$

μ 是约束长度,r 是信道码率。M Bystrom 和 T Stockhammer 据此建立了一个误比特率的参数模型[139],表示为:

$$p(r) = 10^{-\rho/r_k + \eta} \qquad r_k \in [0.25, 1] \qquad (6.5)$$

这里，r_k 表示信道码率，ρ 和 η 是依据信道特点的参数。

对 AWGN 信道来讲，这两参数只与信噪比（SNR）有关。M Bystrom和 T Stockhammer 并给出了一组经验数据供选择，如表6.1所示。该模型也有其局限性：

（1）高信道码率 r 情况下，近似程度很差。

（2）在高误比特率情况下，残留误比特率不再是不相关的，二进制信令信道模型不再适用。

（3）由于固定的穿孔周期，使得

$$R = \{P/(P+l)\} l = 0 \cdots (n-1) P$$

不能获得任意实际想要的 r 值，只有通过调整 P 和 l 获得合适的近似信道码率值 $r_k \in [0.25, 1]$。

表 6.1　RCPSRC 编码误比特率估算式（6.5）中参数 ρ 和 η 的经验值[139]

E_s/N_0/dB	−2	−1	0	1	2	3	4
ρ	1.2998	1.6238	1.9937	2.5186	3.2745	4.2311	5.8147
η	1.0979	1.1750	1.1901	1.3811	1.8472	2.4002	3.6911

6.2.2　依赖视频信道传输失真的一般分析

在前面的章节中讨论的传输失真，由于只考虑 FGS 增强层，不涉及差错繁殖的问题。而当今主流视频编码技术都采用了运动估计和运动补偿技术。虽然它们为编码效率的提高做出了极大的贡献，但它也引入了帧间的差错繁殖。由于这些错误衰减缓慢，令人困扰，所以在有噪环境下，为了优化整体的视频传输系统，必须考虑错误传播的影响。

虽然也有不少文献讨论过如何减少差错繁殖的影响[130,131,141]，但迄今为止,除了 K Stuhlmuller 等人以外,尚无人为受传输差错影响的解码图像质量建立起理论的框架[59]。K Stuhlmuller 等人提出的模型包含了 Intra 编码和空间循环滤波器的影响,由模型所得的结果与仿真数据吻合。

使用一个固定的随机过程 U(产生均值为 0 的错误信号 $u[x,y]$)来描述传输残差时发生的错误,即假设平均每帧引入相同的错误方差 σ_u^2。显然,由于丢包数的增加会引起错误方差的增大,残留误码率 P_L 与参数 σ_u^2 有着直接的联系,同时,它也依赖于其他的一些具体操作:如打包、重同步、错误恢复以及具体的编码序列等。对于一个给定的一个序列、固定的包大小和给定的解码操作,错误方差可以由下式来表示:

$$\sigma_u^2 = \sigma_{u_0}^2 P_L \tag{6.6}$$

在式中:$\sigma_{u_0}^2$ 被视为不依赖于其他模型参数的常量,它描述了解码器对误码率增加的敏感性。如果解码器能够很好地处理残差误码,$\sigma_{u_0}^2$ 值便会降低。例如,先进的错误恢复技术可以减小 $\sigma_{u_0}^2$ 值。

如果进一步假设错误信号是帧间不相关的,则因传输误码引起的失真 D_C 可写为下式的形式:

$$D_C = \sigma_{u_0}^2 P_L \sum_{k=0}^{T-1} \frac{1-\beta k}{1+\varphi k} \tag{6.7}$$

式中:T 表示 Intra 的更新间隔,$\beta = \frac{1}{T}$。而泄漏量(leakage)φ 描述了明确的和/或暗含的循环滤波器去除引入失真的性能,取值范围为 $0<\varphi<1$,其值依赖于循环滤波器的能力和引入误差 $u[x,y]$ 的功率谱密度。如果没有使用任何空间滤波器,$\varphi=0$,误差功率的衰减仅仅受 Intra 编码的影响,这时差错繁殖的强度最大;$\varphi=\infty$ 时,没有差错繁殖,各帧独立编码(所有帧都是 Intra 帧)。由于每一个在大多数 T 间隔内的连续的帧间独立传播的失真,以及所使用的解码器都是线性的,所以可以将平均失真 D_C 视为 T 间隔内错误信号随时间变化的叠加。

对式(6.7)中随时间的叠加可以从下面的演绎来理解：

首先，假设我们讨论的问题局限在一个 Intra 的更新间隔内的 GOP，则 $\beta=0$。有一个错误发生这 GOP 的首帧，其强度为 $\sigma_{u_0}^2$，该错误对 GOP 后续帧的繁殖影响可以用下式近似表述[142]：

$$D_C^{(k)} = \sigma_{u_0}^2 \frac{1}{1+\varphi k} \tag{6.8}$$

参数 φ 和 $\sigma_{u_0}^2$ 是可以通过仿真曲线拟合获得，k 是帧数。

我们通过大范围的信噪比的仿真实验获得一个 30 帧 Foreman 系列的 $\varphi=0.055$ 和 $\sigma_{u_0}^2=13\,355$；同样的方式可获得 Missa 系列 $\varphi=0.0082$ 和 $\sigma_{u_0}^2=8973$。

图 6.1 所示是 Missa 系列的实验数据和仿真解析模型，所反映的是发生在 P4 帧的一个差错及差错繁殖 MSE 随帧数的变化情况。从图中可以看出，采用式(6.8)的解析模型与实际差错繁殖的情况吻合得较好。

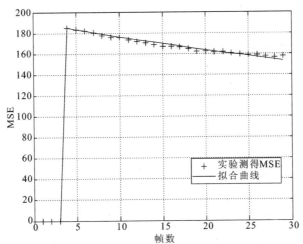

图 6.1　一个信道差错发生在 P4 帧，其差错繁殖 MSE 随帧数
变化的实际测得值与拟合曲线的比较

其次,在一个 GOP 开始帧出现的差错对整个 GOP 的影响可以用下式来描述:

$$D_C = \sigma_{u_0}^2 \sum_{k=0}^{L-1} \frac{1}{1+\varphi k} \qquad (6.9)$$

如果首帧的信道传输的残留误比特率为 P_I,则首帧对 GOP 剩余帧的影响写成下式:

$$D_C^{\cdot} = \sigma_{u_0}^2 P_I \sum_{k=0}^{L-1} \frac{1}{1+\varphi k} \qquad (6.10)$$

由前面的介绍可知,在现阶段,要为无线视频传输建立一个通用的分析性模型具有极大困难。如果转而建立经验模型的话,其参数仅仅针对于特定的条件(如固定的解码操作、固定的错误恢复技术和固定的视频序列),如果以上所涉及的方面被改动,参数的值就需要被重新测定,并没有普适性。所以,针对特定编码算法推导出特定的模型是有必要的。

6.2.3 产生和建模率失真曲面

在前面的章节中,我们分别给出了信道编码性能模型和依赖视频传输失真的一般表达式,要进行码率配置,接下来要产生和建模率失真曲面模型。

失真的量度继续采用第 3 章的式(3.2)和式(3.5)所定义的均方误差(MSE)。通过率失真曲面表现出视频对量化误差、信道传输差错和差错繁殖的敏感程度。为了简化计算,在下面的失真计算中,只考虑了视频亮度分量的失真,色度分量的失真没有计算在内。如果视频序列各帧是独立编码的,计算各帧的失真可以单独计算,某帧的失真只与该帧的量化参数和传输信道的误比特率有关(当然与序列本身也有关系),而与其他帧的失真没有关系。但事实上,在采用了运动预测补偿技术的视频编码标准里,不可能不考虑前后帧间的依赖关系,采用实际测量失真的方法建立率失真曲面会很困难的。

为了仿真视频序列的传输,视频序列首先使用预先确定的量化参数进行编码,从而获得所选择的信源编码码率,然后将每帧压缩码流送入误比特率不同的 BSC 信道中仿真传输(误比特率在一定范围内),将得到的含有残留差错的各帧比特流进行组合解码,再利用式(3.2)计算出各帧在不同误比特率下的失真,这失真自然是各帧误比特率的函数。

图 6.2 反映了一个两帧 Missa 序列在量化参数分别为 QP(12,30) 和 QP(14,8)的情况下,第二帧的失真是两帧误比特率倒数的对数 $\log_{10}(1/p_i)$ 的函数。传输仿真是在误比特率为

$$10^{-7} \leqslant P_I, P_{P1}, \cdots, P_{Pn} \leqslant 10^{-3.5}$$

范围里进行的。当误比特率超过上限时,残留差错过多致使解码器无法

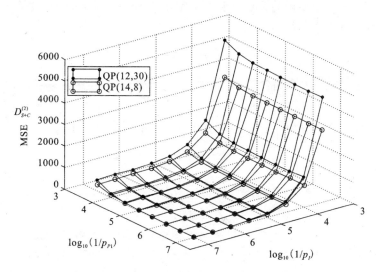

图 6.2　实测 P1 帧的 MSE 值随 I 帧和 P1 帧误比特率变化的关系

解码该视频帧;误比特率下限表明这种情况下,信道传输几乎没有差错,此时的失真主要是信源量化误差造成的。式(6.3)中的第一项中的失真

$$D_{S+C}^{(k)}(q_1, q_2, \cdots, q_k, r_1, r_2 \cdots, r_k)$$

包括信源编码失真、信道传输失真和从 I 帧到 P1 帧的差错繁殖造成的失真。率失真曲面随着误比特率的减小而单调减小。进一步观察,还能发现失真的大小与每帧的量化参数和帧间的误比特率 BER 的分布有很大关系,因此,为了优化性能,信道编码码率应该配置到每一帧。

很显然,从上面的例子可以看出,计算一个两帧序列的率失真曲面需要解码和计算的反复次数是很可观的,当随着视频序列帧数增加时,这种反复次数将会成指数增加,最终在信心上使人们难以接收。因此,可以用模型方法来减少这个问题的计算复杂性。

对于一个首帧为 I 帧其余为 P 帧的 L 帧视频系列来说,将各帧误比特率倒数的对数表示为:

$$\tilde{p}_i = \lg\left(\frac{1}{p_i}\right) \qquad i \in \{I, P_1, P_2, \cdots, P_{L-1}\} \tag{6.11}$$

假定第 i 帧的失真为:

$$\begin{aligned}
\hat{D}_{S+C}^{(i)}(Q, r) \\
= \hat{D}_{S+C}^{(i)}(R_S^{(I)}, R_S^{(P_1)}, \cdots, R_S^{(P_{i-1})}, \tilde{p}_I, \tilde{p}_{P_1}, \cdots, \tilde{p}_{P_{i-1}}) \\
= D_S^{(i)} + \hat{D}_C^{(i)}(\tilde{p}_I) + \sum_{j=1}^{i-1} \hat{D}_C^{(i)}(\tilde{p}_{P_j}) \tag{6.12}
\end{aligned}$$

式中:$D_S^{(i)}$ 表示第 i 帧信源编码误差;$\hat{D}_C^{(i)}(\tilde{p}_I)$,$\cdots$,$\hat{D}_C^{(i)}(\tilde{p}_{P_j})$ 是 I 帧、P_1 帧直到 P_{i-1} 帧对第 i 帧整个失真的贡献。

式(6.12)中将信源编码和信道传输失真分开并做加法处理,而且公式右边后两项隐含了与 Q 与 r 的函数关系,针对这些假设,后面的仿真实验证明该模型与仿真结果吻合得很好。式(6.12)中的 $D_S^{(i)}$ 很好确定,一个系列中第 i 帧的 $D_S^{(i)}$ 可以通过设置

$$\widetilde{p}_I = \widetilde{p}_{P_1} = \widetilde{p}_{P_2} = \cdots = \widetilde{p}_{P_{i-1}} = \widetilde{p}_{\max} \quad (\text{误比特率倒数的最大值})$$

来获得,在我们的仿真结果中 $\widetilde{p}_{\max} = 7$,则有

$$D_S^{(i)} = D_{S+C}^{(i)}(\widetilde{p}_{\max})$$

在下面的试验中将其去掉,简化计算。为了确定

$$\widehat{D}_C^{(i)}(\widetilde{p}_I), \cdots, \widehat{D}_C^{(i)}(\widetilde{p}_{P_j})$$

的值,我们对相关文献中的方法进行改进,采用两参数多项式模型近似估算失真[142]。那么 I 帧失真应该是随着 $\widetilde{p}_I$ 单调递减的,表示为:

$$D_C^{(1)}(p_I) = \alpha_1 (\widetilde{p}_I)^{-\beta_1} = \alpha_1 \left(\lg \frac{1}{p_I} \right)^{-\beta_1} \tag{6.13}$$

图 6.3 所示 Missa 系列 I 帧失真与 P_I 倒数的对数的关系曲线。图中实线为解析模型的曲线,虚线为仿真测量的值。α_1 和 β_1 通过图 6.3 所示实测值曲线的衰减分析获得。

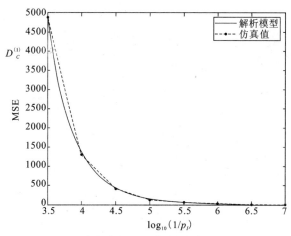

图 6.3　I 帧失真与 P_I 倒数的对数的关系曲线

注:实线为解析模型的曲线,虚线为仿真测量的值。

后续帧率失真曲面的产生结合 6.2.2 节的式(6.8)(前一帧的失真繁殖到当前帧的值)与每帧的实际测量值来获得模型参数,其关系如表 6.2 所示。

表 6.2　考虑差错繁殖后的每一帧失真的分布情况

帧序号	当前帧失真(MSE)采样值	前一帧失真(MSE)繁殖到当前帧的值	当前帧由于信道残留差错导致的失真(MSE)
I－Frame(1)	$\sigma_T^2(p_I)$	0	$\sigma_T^2(p_I)$
P2－Frame(2)	$\sigma_T^2(p_{P1})$	$\sigma_T^2(p_I)/(1+\varphi)$	$\sigma_T^2(p_{p1})-\sigma_T^2(p_I)/(1+\varphi)$
…	…	…	…
P_{n-1}－Frame(n)	$\sigma_T^2(p_{n-1})$	$\sigma_T^2(p_{n-2})/(1+\varphi)$	$\sigma_T^2(p_{n-1})-\sigma_T^2(p_{n-2})/(1+\varphi)$

P1 帧的失真首先由表 6.2 中第三列"当前帧由于信道残留差错导致的失真"

$$\sigma_T^2(p_{p1})-\sigma_T^2(p_I)/(1+\varphi)$$

通过衰减分析获得 α_2 和 β_2,然后,P1 帧的失真随误比特率 P_I 和 P_{P1} 倒数的对数的关系模型可以表示成:

$$D_C^{(2)}(p_I,p_{PI})=\frac{\alpha_1\left(\lg\dfrac{1}{p_I}\right)^{-\beta_1}}{(1+\varphi)}+\alpha_2\left(\lg\dfrac{1}{p_{P1}}\right)^{-\beta_2} \qquad (6.14)$$

根据式(6.14)得到的失真曲面如图 6.4 所示,该曲面与仿真测得的值吻合得很好。

采用相同的办法,我们建立了 P6 帧的率失真曲面,如图 6.5 所示。

在本例中,通过使用信道传输失真解析模型和差错繁殖的衰减模型,依赖视频系列第 i 帧率失真曲面的建立只需测量 $i+1$ 个样本点。随着帧数的增加,需要测量的样本点只是线性增加,使得率失真曲面的建立变得简单。基于式(6.13)和式(6.14)可知,一个 L 帧的系列的平

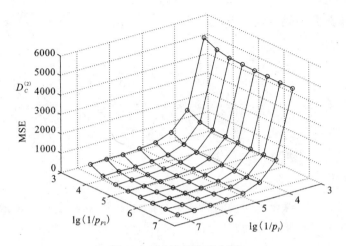

图 6.4 P1 帧的失真曲面

注:虚线带圆圈的为仿真实测值,实线是解析模型曲面。

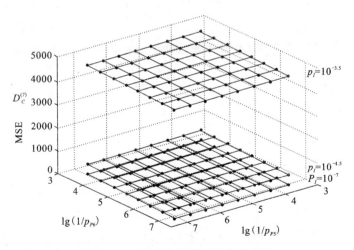

图 6.5 P6 帧的解析模型率失真曲面

均传输失真最终可以写成:

$$\overline{D}_C = \frac{1}{L} \sum_{\tau=1}^{L} \sum_{k=1}^{r} \frac{\alpha_\tau \left(\lg \frac{1}{p_\tau} \right)^{-\beta_\tau}}{(1+\varphi)^{k-1}} \qquad (6.15)$$

6.3　码率优化配置与不平等差错保护

6.3.1　码率优化配置

在 6.2 节里,我们引入了信道编码和率失真特性模型,本节运用这些模型对一个视频系列帧间码率进行优化配置,并且是在一定的目标码率约束情况下进行的。并且,主要考虑伴有反馈的慢时变信道情况下的自适应码率配置,当然,这种约束情况下的例子也很容易扩展到非约束情况。

首先用一选定的量化参数集对视频段进行预编码,保证在各种信源码率下尽可能获得好的视频重构质量,然后对每一个视频段的模型参数进行预先计算和存储。当信道条件或者约束条件改变时,优化信道编码矢量要能快速重新算出,以便能够发送高质量的视频。假设可用的量化参数矢量为 Q,为了实现优化配置,可由式(6.3)、式(6.12)和式(6.15),能够得到 L 帧系列的平均传输失真如下:

$$\overline{D}_{S+C}(Q,r) = \frac{1}{L} \sum D_S^{(k)}(p_k) + \frac{1}{L} \sum_{\tau=1}^{L} \sum_{k=1}^{\tau} \frac{\alpha_\tau \left(\lg \frac{1}{p_\tau} \right)^{-\beta_\tau}}{(1+\varphi)^{k-1}}$$

$$= \frac{1}{L} \sum D_S^{(k)}(p_k) + \frac{1}{L} \sum_{\tau=1}^{L} \sum_{k=1}^{\tau} \frac{\alpha_\tau \left(\frac{\rho}{r_\tau} - \eta \right)^{-\beta_\tau}}{(1+\varphi)^{k-1}} \qquad (6.16)$$

式(6.3)的码率配置算法的目标是:在目标码率约束条件下,寻找信源和信道编码矢量使得整个系列的平均失真最小。对于式(6.16),不管信源和信道差错的解算如何,但就第二项来看,它既是信源码率的函数又是信道编码码率的函数,要确定优化码率配置还是一个相当困难的问题。

因此,以下采用两步走的方法:

第一步 对于选定的量化矢量,在式(6.1)给出的目标码率约束下,我们确定相应的信源码率

$$R_S^{(k)}(q_k) \qquad i=1,2,\cdots,N$$

并使得信道平均失真 $\overline{D}_C(Q,r)$ 最小。然后,在每一个想得到的目标码率约束条件下,重复每一个可用的 Q,r 使得信道平均失真最小。

第二步 在可用的目标码率约束情况下,联合考虑使得系列平均失真最小的 Q,r 实现码率的优化配置。

第一步可以采用拉格朗日优化,因此,在这个问题里,式(6.3)可改写成下式:

$$J(r,\lambda) = \frac{1}{L}\sum_{\tau=1}^{L}\sum_{k=1}^{L}\alpha_\tau \frac{\left(\dfrac{\rho}{r_\tau}-\eta\right)^{-\beta_\tau}}{(1+\varphi)^{k-1}} + \lambda\left(R_{\text{budget}} - \sum_{k=1}^{L}\frac{R_S^{(k)}(q_k)}{r_k}\right)$$

$$= \frac{1}{L}\sum_{k=1}^{L}\sum_{\tau=k}^{L}\alpha_\tau \frac{\left(\dfrac{\rho}{r_\tau}-\eta\right)^{-\beta_\tau}}{(1+\varphi)^{k-1}} + \lambda\left(R_{\text{budget}} - \sum_{k=1}^{L}\frac{R_S^{(k)}(q_k)}{r_k}\right) \qquad (6.17)$$

将式(6.17)中的 $J(r,\lambda)$ 分别对 Q、r 求偏导数得到下面的表达式:

$$\frac{\partial J}{\partial r_1} = \frac{\rho}{L}\sum_{k=l}^{L}\frac{1}{r_l^2}\frac{\alpha_1\beta_1\left(\dfrac{\rho}{r_1}-1\right)^{-(\beta_l+1)}}{(1+\varphi)^{k-1}} + \lambda\frac{R_S^{(l)}(q_l)}{r_l^2} \qquad (l=1,2,\cdots,N) \quad (6.18)$$

$$\frac{\partial J}{\partial \lambda} = R_{\text{budget}} - \sum_{k=l}^{L}\frac{R_S^{(l)}(q_l)}{r_l}$$

然后,使用 6.2.1 节和 6.2.3 节中描述的方法建立起来的模型参数,再加上选择的量化参数 Q,求解方程 $\partial J/\partial r_l=0$ 和 $\partial J/\partial \lambda=0$,解出 r 矢量。

第二步中只需简单地对所有产生的点进行全搜索,即可实现优化的码率配置。

6.3.2 不平等差错保护的讨论

表6.3提供了采用 H. 26L 的 TM9 参考软件(有 FGS 和 PFGS 的 H. 26L版本)进行单层视频编码,信道编码使用 RCPSRC,固定信源码率和整个目标码率 $R_{budget}=162$ kbit/s 情况下,不平等保护实施情况和失真分布情况(信道 SNR$=2$ dB)。表中数据使用了 4 个量化矢量对 6 帧的 Missa 系列进行编码,并且使得信源码率近似为 $R_s=83\ 000$ bit/s,通过对这些数据的观察,我们能发现一些有趣的结论。

首先,观察得到量化矢量 Q1、Q2 和 Q3 三种情况下的平均失真没有显著的不同。换句话说,当整个目标码率 R_{budget} 一定,I 帧的量化参数和信道编码码率相同的情况下,无论后面的 P 帧是采用平等差错保护(EEP)还是不平等差错保护(UEP),三种量化矢量情况下,平均失真的差别不是太显著。特别地,在 I 帧没有传输差错的这一极端情况下,整个视频系列的质量是好的。

其次,对于相同的信源编码矢量,信道编码采用了 UEP 的平均失真比采用 EEP 的要低,如 Q3。同时,更多的保护应该配置给视频系列中早期的 P 帧,如 Q1,Q2 和 Q4 的情况,此外,我们比较 Q1 和 Q4 的情况,可以得出一个重要结论:在 I 帧和所有 P 帧之间合适配置信源码率是非常重要的,如 Q4 所对应的平均失真比其他三种情况低得多。为了证明这个观点,我们继续比较 Q1 和 Q2 两种情况:Q1 的情况是更多的信源码率配置到早期的帧,而信道编码码率与 Q2 相同,但其平均失真反而比 Q2 高。因此,通常情况下,是应该将信源和信道码率分配到一个系列早期的帧中,以减少早期的差错繁殖;但同时要合适配置 I 帧和所有 P 帧的码率,以减小整个系列平均失真。

表 6.3　固定信源码率和整个目标码率 $R_{budget}=162$ kbit/s 情况下不平等保护实施情况和失真分布情况（信道 SNR＝2 dB）

Q	Rate	I	P1	P2	P3	P4	P5	
$Q1$	$R_S^{(k)}$	72512	1984	1872	1880	1840	1936	$R_S=82024$
$\{10,23,24,$	r_k	0.5	0.5	0.5	0.57	0.61	0.61	$\overline{D}_{s+c}=23.61$
$25,26,27\}$		0.5	0.61	0.61	0.57	0.5	0.5	$\overline{D}_{s+c}=23.68$
Q_2	$R_S^{(k)}$	72512	1064	1304	2104	2864	4320	$R_S=84168$
$\{10,27,26,$	r_k	0.5	0.5	0.5	0.57	0.61	0.61	$\overline{D}_{s+c}=22.13$
$25,24,23\}$		0.5	0.61	0.61	0.57	0.5	0.5	$\overline{D}_{s+c}=22.20$
Q_3	$R_S^{(k)}$	72512	1536	1648	1960	2512	2880	$R_S=83048$
$\{10,25,25,$	r_k		0.57	0.57	0.57	0.57	0.56	$\overline{D}_{s+c}=22.91$
$25,25,25\}$			0.5	0.5	0.57	0.61	0.61	$\overline{D}_{s+c}=22.37$
Q_4	$R_S^{(k)}$	65264	4312	3712	3256	3360	2736	$R_S=82640$
$\{11,20,21,$	r_k	0.5	0.5	0.5	0.57	0.61	0.61	$\overline{D}_{s+c}=19.72$
$22,23,24\}$		0.5	0.61	0.61	0.57	0.5	0.5	$\overline{D}_{s+c}=19.34$

　　与大多数文献所讨论的情况不同,本章考虑了基于运动补偿预测视频编码的帧间依赖性和差错繁殖的衰减性的特点,给出了一个目标码率约束条件下的联合信源—信道编码的优化码率配置方案。码率配置是基于率失真特征进行的。

　　为了减少计算的复杂性,信道编码性能、差错繁殖的衰减性和率失真函数均被建模,实验仿真证明这些模型在给定条件下与实际仿真测量结果间吻合很好。特别是,引入了差错繁殖的衰减模型之后,使得率失真模型的建立和率失真曲面的生成更加简单。

　　最后,针对该码率配置方案,通过仿真数据,讨论了几个有趣的结论。

7 结 语

　　由于 Shannon 的信源信道分离设计理论是基于一定的假设或是前提条件的,因而在实际的传输系统尤其是在编码时延敏感,且解码缓存有限的视频通信系统中,几乎无法实现。事实证明,在 Shannon 定理的前提条件未被满足的情况下,使用联合信源信道编码,会取得更好的效果。

　　联合信源信道编码将通信系统的信源编码和信道编码联合考虑进行最优化设计,并且允许用户根据信道条件改变信源编码参数,或是根据信源特性选择信道编码、调制及网络参数。这种方法已在很多方面(包括分布式传感器阵列,数字视频和图像的网络传输,基于分组交换的视频会议系统,数字用户环路中的多媒体传输等)得到了实际应用并取得了良好的效果。在此方面的研究也引起了越来越广泛的关注。

　　本书以分层视频编码的增强层和基本层(或单层)作为传输对象,采用联合信源—信道编码技术,提出了一个联合参数优化的实时视频传输系统。并对源端编码技术、信道编码方法和信源—信道联合编码的信源、信道优化码率算法进行了研究,主要工作及创新点如下:

　　(1) 将源端可伸缩性视频编码技术与跨层多乘积码信道不平等保护传输策略进行优化结合,提出了跨层联合信源—信道编码的自适应

FGS 视频实时传输系统。

（2）在对原 FGS 编码技术深入研究的基础上，在信源端做了几个方面的工作：其一，对原比特平面编码技术中的残差符号的编码进行了改进；其二，对原增强层比特流结构进行了优化，给出了两级和三级的码流结构；其三，对 FGS 增强层各视频帧间码率分配技术等进行优化改进，其结果是：一方面，提高编码效率0.3 dB左右；另一方面，增强层比特流的容错性进一步增强；最终，提高整个视频系列的质量。

（3）针对无线 IP 网络中混合丢包的特点，提出了跨层多乘积码 FEC(MPFEC)编码方案，并提出了等包长和变包长的两种不同打包方案。然后，对经由有线链路和无线信道传输而引入的失真进行分析，建立起了用于发送端估计传输失真的模型。

（4）基于广义率失真理论，采用联合信源—信道编码技术，结合信源端的 FGS 技术和 MPFEC 传输策略，给出了新的 FGS 增强层和信道码率优化配置算法。实验仿真结果证明该算法实际传输效果很好。

（5）考虑传输差错的帧间依赖性和差错繁殖的衰减性特点，对在目标码率约束条件下，为了减少计算的复杂性，信道编码性能、差错繁殖的衰减性和率失真函数均被建模，实验仿真证明这些模型在给定条件下与实际仿真测量结果间吻合很好。特别是，引入了差错繁殖的衰减模型之后，建立了新的率失真模型，使得率失真曲面的生成更加简单。

虽然本书在 FGS 视频编码和实时传输方面做了一些研究工作，但是其中的某些问题仍有待于今后进一步研究。作为今后的工作，应主要考虑以下技术问题：

（1）FGS 增强层码流具有嵌入的特点，正因为如此，使得在传输过程中，一旦出错，即使后面的码流是正确接收的，解码器也不能继续解码。我们的码流改造方案虽然一定程度上提高了码流的容错性，但没有根本上解决上述问题,今后将需要继续这方面的努力。

（2）多乘积码 FEC 中的等长打包方案,使得包长相等,丢包概率计算相对简单,然而,导致每个比特平面的包数是不确定的,对使用 RS 码带来困难;另外,包头中需要更多的额外信息,以告知接收端相关的解码信息,增加了额外带宽资源的开销。而采用变包长方案,使得每个比特平面包的个数相同,实现多乘积码相对简单,但是,计算丢包概率要比等包长情况下复杂一些,增加了计算开销。上述问题,也是今后需要努力解决的。

（3）增强层联合信源—信道优化的码率分配的搜索算法与采用具体的多乘积码方案有关,并不是全局最优结果,更加全面的码率优化算法需要进一步研究。同时,我们是将基本层和增强层分开讨论的,而将基本层和增强层进行联合优化设计,也是很有价值的研究课题。

（4）对于无线终端设备来说,受到显示尺寸、能源等方面的限制,功耗是必须考虑的问题。因此,如何将现有的码率分配准则与功率受限的约束条件结合起来,设计一种更实用的码率最优分配算法是我们下一步需要重点考虑的问题。

参 考 文 献

[1]　Qian Z Wenwu Z, Ya-qin Z. End-to-end QoS for video delivery over wireless Internet. Proceedings of the IEEE,2005(93):123-134.

[2]　Fan Y, Qian Z, Wenwu Z, Ya-Qin Z. Bit allocation for scalable video streaming over mobile wireless Internet. Presented at Proceedings IEEE INFOCOM,2004(3):2142-2151.

[3]　蒋明海.移动网络的未来:无线 IP 网络.微计算机信息,2004,6(20): 109-110.

[4]　无线网络接入技术比较. http://www. net130. com/CMS/Pub/special/ special_wireless/2006_01_25_24925. htm,2006.

[5]　雷震洲. IEEE 802. 16 和 WiMAX. http://searchmobilecomputing. techtarget. com. cn/84/1893084. shtml,2004.

[6]　张振.基于蓝牙技术构建无线接入网.湖南理工学院学报,2005,2(18): 86-88.

[7]　Dholakia J H, Jain V K. Technologies for 3G wireless communications. Proceedings of International Conference on Information Technology: Coding and Computing,2001:162-166.

[8]　Chaudhury P, Mohr W, Onoe S. The 3GPP proposal for IMT-2000. Communications Magazine,IEEE,1999,(37):72-81.

[9]　Dahlman E,Beming P,Knutsson J,Ovesjo F,Persson M,Roobol C. WCDMA-the radio interface for future mobile multimedia communications. Vehicular Technology,IEEE Transactions on,1998(47):1105-1118.

[10]　Etoh M,Yoshimura T. Advances in wireless video delivery. Proceedings of the IEEE,2005,(93):111-122.

[11]　李虓江.视频通信中的误码控制技术研究[博士论文].杭州:浙江大 学,2003.

[12] Ahmed T,Mehaoua A,Boutaba R,Iraqi Y. Adaptive packet video streaming over IP networks: a cross-layer approach. Selected Areas in Communications, IEEE Journal on,2005,(23):385-401.

[13] Kun T, Qian Z, Wenwu Z. An end-to-end rate control protocol for multimedia streaming in wired-cum-wireless environments. Presented at Proceedings of the ISCAS'03,2003,May,(2):II-836-II-839,25-28.

[14] Fan Y, Qian Z, Wenwu Z, Ya-Qin Z. An end-to-end TCP-friendly streaming protocol for multimedia over wireless Internet. Presented at Proceedings of the ICME'03,2003,July,(2):6-9,429-432.

[15] Dapeng W, Hou Y T, Ya-Qin Z. Scalable video transport over wireless IP networks. Presented at Proceedings of the 11th IEEE PIMRC,2000,Sept (2):18-21,1185-1191.

[16] Vetro A, Xin J, Huifang S. Error resilience video transcoding for wireless communications. Wireless Communications, IEEE [see also IEEE Personal Communications],2005(12):14-21.

[17] Yao W,Qin-Fan Z. Error control and concealment for video communication: a review. Proceedings of the IEEE,1998(86):974-997.

[18] Yao W,Wenger S,Jiantao W,Katsaggelos A K. Error resilient video coding techniques. Signal Processing Magazine,IEEE,2000(17):61-82.

[19] Talluri R. Error-resilient video coding in the ISO MPEG-4 standard. Communications Magazine,IEEE,1998(36):112-119.

[20] Liebeherr J. A framework for analyzing networks with deterministic and statistical QoS. In Comet Group Seminar,vol. Columbia University,New York,2000.

[21] SHANNON C E. A Mathematical Theory of Communication. The Bell System Technical Journal,1948(27):379-423,623-656.

[22] Chiariglione L. MPEG and multimedia communications. Circuits and Systems for Video Technology,IEEE Transactions on,1997(7):5-18.

[23] ITU-T H. 261. Video codec for audiovisual services at p 64 kbit/s. 1990.

[24] ITU-T H. 263. Video coding for low bit rate communication. 1996.

[25] ITU-T H. 263+(Draft). Video coding for low bit rate communication. 1998.

[26] Cote G, Erol B, Gallant M. H. 263+. IEEE Trans. Circuits System and Video Technology,1998,8:849-866.

[27] ITU-T. Q15-I-06. Ad Hoc Report: H. 263++ Development. 1999.

[28] ITU-T. Draft for "H. 263++" annexes U,V,and W to recommendation H. 263. 2000.

[29] ISO/IEC11172. Information technology coding of moving pictures and associated audio for digital storage media at up to about 1. 5 Mbit/s.

[30] ISO/IEC13818. Information technology-generic coding of moving pictures and associated audio.

[31] ISO/IEC14496-3. Information technology-generic coding of audio-visual object-part 3:audio. Vancouver Canada,1999.

[32] ISO/IECJTC1/SC29/WG11N2330. MPEG-7 Draft Proposal Package Description (PPD). 1998.

[33] ISO/IECJTC1/SC29/WG11N3162. First ideas on defining a Multimedia Framework (version 0. 2). 1999.

[34] JVT. Draft ITU-T Recommendation and Final Draft International Standard of Joint Video Specification (ITU-T Rec. H. 264 |ISO/IEC 14496-10 AVC). J.-G. Joint Video Team (JVT) of ISO/IEC MPEG and ITU-T VCEG. ,Ed. ,2003.

[35] Wiegand T,Sullivan G J,Bjntegaard G,Luthra A. Overview of the H. 264/ AVC video coding standard. IEEE Transactions on Circuits and Systems for Video Technology,2003(13):560-576.

[36] Malvar H, Hallapuro A,Karczewicz M,Kerofsky L. Low-complexity transform and quantization with 16-bit arithmetic for H. 26L. Proceedings of International Conference on Image Processing,2002(2):II-489-II-492.

[37] Wang Y, Yin B, Kong D. Adaptive video coding in loop filter based on content. Proceedings of the International Conference on Neural Networks and Signal Processing, 2003(2):1189-1192.

[38] Marpe D, Schwarz H, Wiegand T. Context-based adaptive binary arithmetic coding in the H. 264/AVC video compression standard. Circuits and Systems for Video Technology, IEEE Transactions on, 2003(13): 620-636.

[39] Ozcelebi T, Civanlar M R, Tekalp A M. Minimum delay content adaptive video streaming over variable bitrate channels with a novel stream switching solution. IEEE International Conference on Image Processing, 2005(1): 209-212.

[40] Vucetic B. An adaptive coding scheme for time-varying channels. Communications, IEEE Transactions on, 1991(39):653-663.

[41] Yue Y, Wen C C, "SNR scalable transcoding for video over wireless channels," 2000.

[42] Shanableh T, Ghanabari M. Multilayer transcoding with format portability for multicasting of single-layered video. Multimedia, IEEE Transactions on, 2005(7):1-15.

[43] Vaishampayan V A. Design of multiple description scalar quantizers. Information Theory, IEEE Transactions on, 1993(39):821-834.

[44] Stankovic V, Hamzaoui R, Zixiang X. Robust layered multiple description coding of scalable media data for multicast. Signal Processing Letters, IEEE, 2005(12):154-157.

[45] Ming K, Alouini M S. Transmission of multiple description codes over wireless channels using channel balancing. Wireless Communications, IEEE Transactions on, 2005(4):2070-2075.

[46] 王锋, 梁雨平. 非扩展性与可扩展性视频编码流式技术. 中国有线电视, 2004, 9/10:33-37.

[47] Shaoshuai G,Guofang T. Early resynchronization,error detection and error concealment for reliable video decoding. Proceedings of the ICCT,2003 (2):1133-1136.

[48] Tao F,Lap-Pui C. Optimal resynchronization for layered video over wireless channel. Proceedings of the ISCAS,2005(6):6070-6073.

[49] Tao F,Lap-Pui C. Efficient content-based resynchronization approach for wireless video. Multimedia,IEEE Transactions on,2005(7):1021-1027.

[50] Tao F,Lap-Pui C. A novel resynchronization marker positioning approach for robust video transmission. Proceedings of the ISCAS'04,2004(3):III-801-4.

[51] Haskell P,Messerschmitt D. Resynchronization of motion compensated video affected by ATM cell loss. Proc. ICASSP,1992(3):545-548.

[52] ISO/IECJTCl/SC29/WG11. MPEG-4 video verification model version13. 3. MPEG99/4960,Melbourne,1999.

[53] ISO/IEC. Information Technology-Coding of Audio-Visual Objects:Visual. CD14496-2,1998.

[54] Yew-San L,Ong K K,Chen-Yi L. Error-resilient image coding (ERIC) with smart-IDCT error concealment technique for wireless multimedia transmission. IEEE Transactions on Circuits and Systems for Video Technology,2003(13): 176-181.

[55] Mantravadi A V S,Bansal M,Kondi L P. Robust transmission of packet-based H. 264/AVC video with data partitioning over DS-CDMA wireless channels. Visual Communications and Image Processing 2006,San Jose, CA,USA,2006.

[56] Wittig K,Chen Y,van der Schaar M. Combined data partitioning and fine granularity scalability for channel adaptive video transmission. Image and Video Communications and Processing 2005,San Jose,CA,USA,2005.

[57] Redmill D W, Kingsbury N G. The EREC: an error-resilient technique for coding variable-length blocks of data, Image Processing, IEEE Transactions on, 1996(5): 565-574.

[58] Zhang R, Regunathan S L, Rose K. Video coding with optimal inter/intra-mode switching for packet loss resilience. Selected Areas in Communications, IEEE Journal on, 2000(18): 966-976.

[59] Stuhlmuller K, Farber N, Link M, Girod B. Analysis of video transmission over lossy channels. Selected Areas in Communications, IEEE Journal on, 2000(18): 1012-1032.

[60] Kieu L H, Ngan K N. Cell-loss concealment techniques for layered video codecs in an ATM network. Image Processing, IEEE Transactions on, 1994 (3): 666-677.

[61] Pei-Jun L, Mei-Juan C. Robust error concealment algorithm for video decoder. Consumer Electronics, IEEE Transactions on, 1999(45): 851-859.

[62] Aign S, Fazel K. Temporal and spatial error concealment techniques for hierarchical MPEG-2 video codec. Proceedings of the ICC'95, 1995(3): 1778-1783.

[63] Aign S. Error concealment, early re-synchronization, and iterative decoding for MPEG-2. Proceedings of the ICC 97, Montreal, 1997(3): 1654-1658.

[64] Tsung Han T, Yu Xuan L, Yu Fong L. Video error concealment techniques using progressive interpolation and boundary matching algorithm. Proceedings of the ISCAS'04, 2004(5): V-433-V-436.

[65] Hartanto F, Sirisena H R. Hybrid error control mechanism for video transmission in the wireless IP networks. IEEE 10th Workshop Local and Metropolitan Area Networks(LANMAN'99), Sydney, Australia, 1999(Nov).

[66] Stankovic V, Hamzaoui R, Zixiang X. Product code error protection of packetized multimedia bitstreams. Presented at in Proc. IEEE ICIP, Barcelona, Spain, 2003

(Sept):177-180.

[67] Ohta N. PacketVideo:Modeling and Signal Processing. Norwood,MA:Artech House,1994.

[68] ITU-T. Multiplexing Protocol for Low Bitrate Multimedia Communication. ITU-T Recommendation H. 223,1995.

[69] Lin S,Costello D J. Error Control Coding:Fundamentals and Application. Englewoor Cliffs,Prentice Hall,1983.

[70] Sherwood P G,Zeger K. Progressive image coding for noisy channels. Signal Processing Letters,IEEE,1997(4):189-191.

[71] Sherwood P G,Zeger K. Error protection for progressive image transmission over memoryless and fading channels. IEEE Transactions on Communications,1998(46):1555-1559.

[72] Zhu Q F,Kerofsky L. Joint source coding,transport processing,and error concealment for H. 323-based packet video. Visual Communications and Image Processing' 99,San Jose,CA,USA,1998.

[73] Zhu Q F,Wang Y,Shaw L G. Joint source coding and packetization for video transmission over ATM networks. Visual Communications and Image Processing ' 92,Boston,MA,USA,1992.

[74] Turletti T,Huitema C. Videoconferencing on the Internet. IEEE/ACM Transactions on Networking,1996(4):340-351.

[75] Shu L,Costello D,Miller M. Automatic-repeat-request error-control schemes. Communications Magazine,IEEE,1984(22):5-17.

[76] Qian Z,Wong T F,Lehnert J S. Performance of a type-II hybrid ARQ protocol in slotted DS-SSMA packet radio systems. IEEE Transactions on Communications,1999(47):281-290.

[77] Jianfei C,Chang Wen C. Robust joint source-channel coding for image transmission over wireless channels. Circuits and Systems for Video

Technology, IEEE Transactions on, 2000(10): 962-966.

[78] He Z H, Jianfei C, Chang Wen C. Joint source channel rate-distortion analysis for adaptive mode selection and rate control in wireless video coding. Circuits and Systems for Video Technology, IEEE Transactions on, 2002(12): 511-523.

[79] Hagenauer J, Stockhammer T. Channel coding and transmission aspects for wireless multimedia. Proceedings of the IEEE, 1999(87): 1764-1777.

[80] Feng W, Guangxi Z, Zhenming Z, Yejun H. Joint source-channel rate allocation and unequal error protection for dependent video transmission. Wireless Communications, Networking and Mobile Computing, 2005. Proceedings. 2005 International Conference on, Vol. 2: 1275-1280, Sept. 23-26, 2005.

[81] Zhai F, Eisenberg Y, Pappas T N, Berry R, Katsaggelos A K. Joint source-channel coding and power allocation for energy efficient wireless video communications. Proc. 41st Allerton Conf. Communication, Control, and Computing, Monticello, IL, 2003, Oct.

[82] Kondi L P, Ishtiaq F, Katsaggelos A K. Joint source-channel coding for motion-compensated DCT-based SNR scalable video. Image Processing, IEEE Transactions on, 2002(11): 1043-1052.

[83] Kondi L P, Batalama S N, Pados D A, Katsaggelos A K. Joint source-channel coding for scalable video over DS-CDMA multipath fading channels. in Proc. IEEE Int. Conf. Image Processing, 2001(1): 994-997.

[84] Qingyu C, Subbalakshmi K P. Joint source-channel decoding for MPEG-4 video transmission over wireless channels. Selected Areas in Communications, IEEE Journal on, 2003(21): 1780-1789.

[85] Feideropoulou G, Pesquet-Popescu B, Belfiore J C. Joint source-channel coding of scalable video. Global Telecommunications Conference, 2004. GLOBECOM ' 04. IEEE, 2004, 29(Nov. -3 Dec): 2599-2603(4).

[86] Fan Y, Qian Z, Wenwu Z, Ya-Qin Z. End-to-end TCP-friendly streaming

protocol and bit allocation for scalable video over wireless Internet. Selected Areas in Communications,IEEE Journal on,2004(22):777-790.

[87] Qian Z, Wenwu Z, Ya-Qin Z. Channel-adaptive resource allocation for scalable video transmission over 3G wireless network. Circuits and Systems for Video Technology,IEEE Transactions on,2004(14):1049-1063.

[88] Packet Switched Conversational Multimedia Applications:Default Codecs,3GPP Technical Specification. 3GPP TR 26.235.

[89] Transparent end-to-end packet switched streaming service (PSS):RTP usage model. 3GPP Technical Specification. 3GPP TR 26.937.

[90] Radha H M,van der Schaar M,Yingwei C. The MPEG-4 fine-grained scalable video coding method for multimedia streaming over IP. IEEE Transactions on Multimedia,2001(3):53-68.

[91] 史翠竹,余松煜,王嘉.FGS视频流的码率分配算法研究.计算机仿真,2004,6(21).

[92] 钟玉琢,王琪,赵黎 等.运动图像压缩编码国际标准及 MPEG 的新进展.北京:清华大学出版社,2002.

[93] Weiping L,Fan L,Xuemin C. Fine granularity scalability in MPEG-4 for streaming video. Presented at Circuits and Systems,2000. Proceedings. ISCAS 2000 Geneva. The 2000 IEEE International Symposium on,2000,28-31,May(1):299-302.

[94] Weiping L. Overview of fine granularity scalability in MPEG-4 video standard. IEEE Transactions on Circuits and Systems for Video Technology,2001(11):301-317.

[95] Li W. Bit_Plane Coding of DCT Coefficients for Fine Granularity Scalability,ISO/IEC JTC1/SC29/WG11,MPEG98/M3989,1998,October.

[96] Ling F,Li W,Sun H. Bitplane coding of DCT coefficients for image and video compression. Visual Communications and Image Processing ' 99,San Jose,

CA,USA,1998.

[97] Feng W,Shipeng L,Yu-Qin Z. DCT-prediction based progressive fine granularity scalable coding. Proceedings the International Conference on Image Processing, Vancouver,2000,10-13(3),Sept:556-559.

[98] Feng W,Shipeng L,Ya-Qin Z. A framework for efficient progressive fine granularity scalable video coding. IEEE Transactions on Circuits and Systems for Video Technology,2001(11):332-344.

[99] Xiaoyan S,Feng W,Shipeng L,Wen G,Ya-Qin Z. Macroblock-based progressive fine granularity scalable video coding. Proceedings of the IEEE International Conference on Multimedia and Expo,2001:245-348.

[100] Xiaoyan S,Fang W,Shipeng L,Wen G,Ya-Qin Z. Macroblock-based progressive fine granularity scalable (PFGS) video coding with flexible temporal-SNR scalablilities. Proceedings of the International Conference on Image Processing,2001,7-10 Oct(2):1025-1028.

[101] Ding G G,Guo B L. Improvement to progressive fine granularity scalable video coding. Proceedings of the ICCIMA,2003:249-253.

[102] Yuwen H,Feng W,Shipeng L,Yuzhuo Z,Shiqiang Y. H. 26L-based fine granularity scalable video coding. Proceedings of the ISCAS,2002(4): IV-548-IV-551.

[103] Qi W,Zixiang X,Feng W,Shipeng L. Optimal rate allocation for progressive fine granularity scalable video coding. Signal Processing Letters,IEEE,2002 (9):33-39.

[104] Schuster B. Fine granular scalability with wavelets coding. ISO/IEC JTC1/ SC29/WG11,MPEG98/M4021,1998,October.

[105] Chen Y,Radha H,Cohen R A. Results of experiment on fine granular scalability with wavelet encoding of residuals. ISO/IEC JTC1/SC29/ WG11,MPEG98/M3988,1998,October.

[106] Lian J,Yu J,Wang Y,Srinath M,Zhou M. Fine granularity scalable video

coding using combination of MPEG4 video objects and stilltexture objects. ISO/IEC JTC1/SC29/WG11,MPEG98/M4025,1998,October.

[107] Cheung S C S,Zakhor A. Mztching pursuits residual coding for fine granular video scalability. ISO/IEC JTC1/SC29/WG11, MPEG98/M3991, 1998, October.

[108] MPEG. ISO/IEC 14496-5/PDAM3 (FGS reference software). MPEG 2001/ N3906,2001,Jan.

[109] Lianji C,Wenjun Z,Li C. Rate-distortion optimized unequal loss protection for FGS compressed video. Broadcasting, IEEE Transactions on, 2004 (50):126-131.

[110] Shannon C E. A mathematical theory of communication. Bell System Technical Journal,1948,27(7):379-423,623-656.

[111] Sullivan G J,Wiegand T. Rate-distortion optimization. IEEE Signal Processing Magazine,1998,Nov(15):74 90.

[112] Hang H M,Chen J J. Source model for transform video coder and its application- Part I: Fundamental theory. IEEE Trans. Circuits System and Video Technology,1997,7:287-298.

[113] Jiann-Jone Chen H M H. Source model for transform video coder and its application-Part II: Variable frame rate coding. IEEE Transactions On Circuits And Systems For Video Technology,1997,April(7):299-311.

[114] Wang L. Rate control for MPEG video coding. Signal Processing: Image Communication,2000,15(3):493-511.

[115] Tao B,Peterson H A,Dickinson B W. A rate-quantization model for MPEG encoders. Proceedings of ICIP:338-341,1997.

[116] Yang K H,Jacquin A,Jayant N S. A normalized rate-distortion model for H. 263 compatible coders and its application to quantizer selection. Proceedings of ICIP,1997:41~44.

[117] Cote G,Erol B,Gallant M,Kossentini F. H. 263+:video coding at low bit

rates. IEEE Trans. on CSVT,1998,8(11):849-866.

[118] Cheung G,Wai-tian T,Yoshimura T. Rate-distortion optimized application-level retransmission using streaming agent for video streaming over 3G wireless network. Proceedings IEEE Inf. Conf. Image Processing,Rochester, New York,2002,Sept:529-532.

[119] Celandroni N,Pototi F. Maximizing single connection TCP good put by trading bandwidth for BER. Int. J. of Commun. Syst. ,2003,Feb(16):63-79.

[120] Zhishi P, Yih-Fang H, Costello D J, Stevenson R L. On the tradeoff between source and channel coding rates for image transmission,1998.

[121] Shengjie Z,Zixiang X,Xiaodong W. Optimal resource allocation for wireless video over CDMA networks. Mobile Computing,IEEE Transactions on, 2005(4):56-67.

[122] Feng W,Shipeng L,Ya-Qin Z. A framework for efficient progressive fine granularity scalable video coding. Circuits and Systems for Video Technology,IEEE Transactions on,2001(11):332-344.

[123] 阎蓉,陶然,王越,吴枫,李世鹏. 精细的可伸缩性视频编码中容错技术的研究. 电子学报,2002(30):102-104.

[124] Hagenauer J. Rate-compatible punctured convolutional codes (RCPC codes) and their applications. Communications，IEEE Transactions on, 1988 (36): 389-400.

[125] Stankovic V, Hamzaoui R, Zixiang X. Product code error protection of packetized multimedia bitstreams. Proc. IEEE ICIP,Barcelona,Spain,2003, Sept:177-180.

[126] Berger T. Rate Distortion Theory. Englewood Cliffs,NJ:Prentice Hall,1984.

[127] Feideropoulou G,Pesquet-Popescu B,Belfiore J C. Joint source-channel coding of scalable video on a Rayleigh fading channel. Multimedia Signal Processing, 2004 IEEE 6th Workshop on,2004,29 Sept. -1 Oct:303-306.

[128] Chou P A,Sehgal A. Rate-distortion optimized receiver-driven streaming over

best-effort networks. Presented at Proc. Packet Video Workshop, Pittsburg, PA, 2002, April.

[129] Qian L. Joint source-channel video transmission, Ph D. Thesis of University of Illinois at Urbana-Champaign, 2001.

[130] Stockhammer T, Hannuksela M M. H. 264/AVC video for wireless transmission. Wireless Communications, IEEE [see also IEEE Personal Communications], 2005(12):6-13.

[131] Stockhammer T, Hannuksela M M, Wiegand T. H. 264/AVC in wireless environments. IEEE Trans. Circuits Syst. Video Technol, 2003.

[132] 王曜. 信源—信道联合视频编码研究(博士论文). 武汉:华中科技大学, 2003.

[133] 肖东亮, 孙洪, 江森, 苏祥芳, 茹国宝. 信源/信道联合编码技术在移动通信中的应用. 武汉大学学报(理学版), 2002, 1:89-93.

[134] Guijin W, Xinggang L. Error protection for scalable image over 3G -IP network. Proceedings of International Conference on Image Processing, 2002, 22-25 Sept(2):II-733-II-736.

[135] Sayood K, Borkenhagen J C. Use of residual redundancy in the design of joint source/channel coders. IEEE Trans. Commun, 1991(39):838-846.

[136] Jafarkhani H, Farvardin N. Channel-matched hierarchical table-lookup vector quantization. IEEE Transactions On Information Theory, 2000, May(46): 1121-1125.

[137] 周炯槃. 信息理论基础. 北京:人民邮电出版社, 1983.

[138] Ramchandran K, Ortega A, Vetterli M. Bit allocation for dependent quantization with applications to multiresolution and MPEG video coders. Image Processing, IEEE Transactions on, 1994(3):533-545.

[139] Bystrom M, Stockhammer T. Dependent source and channel rate allocation for video transmission. Wireless Communications, IEEE Transactions on, 2004(3):258-268.

[140] Viterbi A J,Omura J K. Principles of digital communication and coding. New York:McGraw-Hill,1979.

[141] Girod B, Färber N. Feedback-based error control for mobile video transmission. Proc. IEEE,1999(87):1703-1723.

[142] Marx F,Farah J. A novel approach to achieve unequal error protection for video transmission over 3G wireless networks. Signal Processing:Image Communication,2004,19:313-323.

附录　缩略语表

ABT (adapt block transform)　　　　　　　自适应块变换
ACK (positive acknowledgment)　　　　　　肯定应答
ARQ (automatic repeat request)　　　　　　自动重传请求
AWGN (additive white Gaussian noise)　　　加性高斯白噪声信道
BER (bit error rate)　　　　　　　　　　　误比特率
BL (base layer)　　　　　　　　　　　　　基本层
BPUEP (bit-plane unequal error　　　　　　比特平面间不平等差错保护
　　protection)

BWA (broad bandwidth access)　　　　　　宽带无线接入
CABAC (context-adaptive binary　　　　　自适应二进制算术编码
　　arithmetic coding)

CBR (constant bit rate)　　　　　　　　　固定比特率
CDMA (code division multiplex access)　　码分多址
CRC (cyclic redundancy check)　　　　　　循环冗余校验
CIF (common intermediate format)　　　　通用中间格式
DCT (discrete cosine transform)　　　　　离散余弦变换
EDGE (enhanced data rate for GSM)　　　增强数据率的全球移动通信系统
EEP (equal error protection)　　　　　　　平等差错保护
FEC (forward error correction)　　　　　　前向纠错
EL (enhancement layer)　　　　　　　　　增强层
EREC (error-resilient entropy coding)　　　差错恢复熵编码

FGS（fine granular scalable）	精细粒度可伸缩性
FGST（fine granular scalable）	时域精细粒度可伸缩性
FMO（flexible macroblock ordering）	可变宏块顺序
GOB（group of blocks）	块组
GOP（group of picture）	图像组
GPRS（general packet radio service）	通用分组无线业务
GSM（global system for mobile communications）	全球移动通信系统
HDTV（high definition television）	高清晰度电视
HEC（header extension code）	头扩展码
IEEE（institute for electrical and electronic engineers）	电气和电子工程师协会
IPFGS（improvement PFGS）	改进的渐进精细粒度可伸缩性
ISO（International Organization for Standardization）	国际标准化组织
ITU（International Telecommunication Union）	国际电信联盟
ITU-T（ITU-Telecommunication Standardization Sector）	国际电信联盟电信标准化部门
JVT（joint video team）	联合视频组
LSB（less significant bit）	最低位
LAN（local area network）	局域网
MPEG（motion picture experts group）	运动图像专家组
MPFEC（multiple product forward error correction）	多乘积码前向纠错
MMS（multimedia message service）	多媒体消息业务

MSB (most significant bit)	最高位
MSE (mean squared error)	均方误差
NAK (negative acknowledgment)	否定应答
NAL (network abstraction layer)	网络适配层
PAN (personal area network)	个人局域网
PCS (packet conversation service)	分组交换会话业务
PDCP (packet data concentration protocol)	分组数据集中协议
PES (packetized elementary stream)	分组原始流
PFGS (progressive FGS)	渐进精细粒度可伸缩性
PFEC (product FEC)	乘积码前向纠错
POCS (projection onto convex sets)	凸面集投影
PSNR (peak signal-to-noise ratio)	峰值信噪比
PSS (packet switching service)	分组交换的媒体流业务
QCIF (quarter common intermediate format)	1/4 通用中间格式
QoS (quality of service)	服务质量
RS (reed-solomon)	里德—索罗蒙码
RCPC (rate compatible punctured convolutional code)	码率兼容的穿孔卷积码
RCPSRC (rate compatible punctured systematic recursive convolutional code)	码率兼容的系统递归穿孔卷积码
RDO (rate distortion optimization)	率失真优化
RVLC (reversible variable length coding)	可逆变长编码

ROPE (recursive optimal per-pixel estimate)　　递归最优的像素估计

RSER (residual symbol error rate)　　残留符号差错率

RSC (recursive systematic convolution)　　递归系统卷积码

RTP/IP (real time transport protocol/internet protocol)　　实时传输协议/网际协议

RTCP (real time control protocol)　　实时控制协议

SC (start code)　　开始码

TDMA (time division multiplex access)　　时分多址

UEP (unequal error protection)　　不平等差错保护

UVLC (universal variable length coding)　　通用可变长编码

VBR (variable bit rate)　　可变比特率

VCEG (video coding experts group)　　视频编码专家组

VCL (video coding layer)　　视频编码层

VLC (variable length coding)　　可变长编码

VOP (video object plane)　　视频对象平面

VOPH (video object plane header)　　视频对象平面头

WAP (wireless application protocol)　　无线应用协议

WLAN (wireless LAN)　　无线局域网

后　　记

衷心感谢我的导师朱光喜教授。朱老师在学习、工作上给予了我许多的教导和启示，在生活上给予了我无微不至的关怀，正是他的关心、教诲和鼓励激励着我攻克了一道道难关，顺利地完成了博士生阶段的学业。朱老师渊博的学识和悉心的指导常常让我茅塞顿开，平易近人的长者风范更教会了我许多做人的道理，朱老师的睿智和远见给我的影响将使我受益终身。

感谢刘文予教授、喻莉教授和徐端全老师在学习和课题研究上给予我的支持与帮助。诸位老师给予我的不仅是知识和技能，更有严谨的治学作风和勤勉的工作态度，这将是我取之不尽的宝贵财富。

感谢唐文佳、谢磊、吴露露、陆承恩、邱锦波、邵林、田晓华、顾希、尚鹏、喻鹏、周琴同学，我们共同参与课题的过程中合作非常愉快，取得了丰硕的成果。感谢戴声奎、张珍明、徐海祥、邓勇强、金欣、何业军、张碧军、刘文明、冯镔等同学，在课题的研究方面向我毫无保留地互相交流心得和经验，给予了我最大的帮助。感谢宽带无线与多媒体研究中心的所有其他老师和同学，与你们在一起学习和工作的日子充满了欢乐和温馨。

感谢华中科技大学电信系2002级博士班的全体同学，在共同渡过的岁月里，所有的欢笑与感动，我将铭记于心。

论文评阅和评议专家在百忙之中抽出时间为我评审论文，在此特向他们表示由衷的感谢。

对我在华中科技大学生活的四年里给予我帮助的电信系所有的老师和同学表示感谢!

对黄冈师范学院所有领导和关心我的同事、老师表示感谢!

谨以此书,献给我的妻子王小兰女士和儿子王冠雄,以及所有的亲人。

王　锋

2008 年 12 月